国家中等职业教育改革发展示范校建设项目成果教材

SHIPINJIANYANZHUANYE

检验专业

食品检验技术基础

SHIPIN JIANYAN JISHU JICHU

鲁英 李彦荣 主编

中国劳动社会保障出版社

简介

本书为国家中等职业教育改革发展示范校建设项目成果教材，可供中等职业技术学校食品检验专业使用，主要内容包括常用器皿的使用、常用小型仪器和设备的使用、溶液的配制、样品的制备与预处理、食品的物理检验和酸碱滴定分析等。

图书在版编目(CIP)数据

食品检验技术基础/鲁英，李彦荣主编. —北京：中国劳动社会保障出版社，2013
国家中等职业教育改革发展示范校建设项目成果教材. 食品检验专业
ISBN 978-7-5167-0504-9

Ⅰ.①食… Ⅱ.①鲁… ②李… Ⅲ.①食品检验-中等专业学校-教材 Ⅳ.①TS207.3

中国版本图书馆 CIP 数据核字(2013)第 152692 号

中国劳动社会保障出版社出版发行

（北京市惠新东街 1 号 邮政编码：100029）

出 版 人：张梦欣

*

三河市潮河印业有限公司印刷装订 新华书店经销

787 毫米×1092 毫米 16 开本 14 印张 253 千字

2013 年 7 月第 1 版 2023 年 8 月第 7 次印刷

定价：34.00 元

营销中心电话：400-606-6496

出版社网址：http://www.class.com.cn

http://jg.class.com.cn

序

作为国家第一批中等职业教育改革发展示范学校，北京一轻高级技术学校开发设计了一批对接产业结构调整升级要求，反映新知识、新工艺、新材料、新技能，符合技术技能型人才成长规律的发展改革示范教材。

职业教育承担着帮助学生构建起专业理论知识体系、专业技术框架体系和相应职业活动逻辑体系的任务，而这三个体系的构建需要通过专业教材体系和专业教材内部结构得以实现。为此，在开发设计时，依据教材在构建知识、技术、活动三个体系中的作用，不同课程的教材采用了不同的内部结构设计和编写体例。

承担专业理论知识体系构建任务的教材，例如《食品检验技术基础》强调了专业理论知识体系的完整性与系统性，不强调专业理论知识的深度和难度，注重培养学生对专业理论知识整体框架的把握和应用能力。

承担专业技术框架体系构建任务的教材，例如《电工电子技术应用》强调学生对专业技术整体框架的把握，培养学生对新技术的学习能力，注重让学生在技术应用过程中提高实际操作的能力，同时培养学生职业活动过程中的技术比较与选择能力。

承担职业活动逻辑体系构建任务的教材，依据不同职业活动对从业人员应有特质的要求，分别采用了过程驱动、情景驱动的方式，形成了"做中学"的结构与体例。例如《常用机床及起重机电气维修》等技术类专业教材，采用过程驱动的教材结构，反映了技术职业活动的过程导向特点。这对于培养从事制造业等技术技能型人才过程导向的思维方式、行为的标准规范、准确的技术语言，特别是对尊重工艺规范和追求标准与精度价值的敏感特质的形成，将是十分有效的。《物流客户服务》等服务类专业教材，采用情景驱动的教材结构，反映了服务职业活动的情景导向特点。这对于培养从事现代服务业技能型人才的个性化服务理念、规范而又不失灵活的行为方式、富有情感的语言和交往沟通能力，将起到积极的促进作用。

在教学目标的确定以及教材内容、结构、素材的设计和选择上，教材还充分利用课程标准与国家职业资格标准、课程内容与典型职业活动、教学过程与职业活动逻辑、教材素材与职业活动案例的对接，力图实现工学结合。因此，这批教材不但符合我国经济发展方式转变、产业结构调整升级的新形势，而且十分适合"做中学、学中做"的教学方法，有利于学生职业素质和职业能力的形成。

2013 年 6 月

国家中等职业教育改革发展示范校建设项目成果教材
食品检验专业编委会

顾　问：邓泽民　王福海

主　任：常　明　王　瑶

副主任：孙玉直　彭向东　曹凤仙

委　员：鲁　英　张　磊　路　勇　黄　华　李　奇　安　荣　李彦荣
崔　凯　马彬彬　杨心宇　蔺　瑞　顾　玥　任育萱　刘业伟
安凤楼　吴　昊　郎萌萌　刘　沛　王　薇　严铁宁　王莉娟

本书主编：鲁　英　李彦荣

前言

为落实教育部、人力资源和社会保障部、财政部《关于实施国家中等职业教育改革发展示范学校建设计划的意见》文件精神，对接本地产业结构升级调整要求，大力推进职业院校课程体系改革，增强技能人才培养的针对性与适应性，我们组织多年从事食品检验专业教学的骨干教师和企业专家，在充分调研企业岗位要求和学校教学需求的基础上，开发编写了这套食品检验专业改革教材，包括《食品检验技术基础》《食品感官检验》《食品微生物检验》《食品营养素检测》《食品快速检测》和《食品安全检测》。

本套教材开发工作的重点有以下几个方面：

第一，根据食品检验岗位真实的工作任务设置学习情境。首先以典型性、实践性、职业性、先进性为原则选取工作任务，在此基础上，对其进行转化、补充，并结合相关理论知识，使之成为学习任务，同时融入职业素质内容，使学生在掌握理论知识、专业技能的同时，逐步形成和提高个人职业素养。

第二，根据学生的认知规律和职业能力形成规律组织教材内容，创新编写模式。以食品检验岗位需要的能力为主线，由简单到复杂，由单项到综合安排学习任务。学生通过完成不同的任务，掌握食品分析与检测全过程的工作技能，实现职业能力的提高。

第三，根据食品检验岗位的实际需要和《国家职业标准·食品检验工（中级）》对知识和技能的要求，同时依据现行食品安全国家标准设计学习任务的实施过程，使学生在完成食品分析与检测任务的过程中掌握相关知识和分析方法，并提高对国标方法的解读能力和执行能力。

第四，根据学生的学习特点确定教材的呈现形式。注重利用图表、现场照片和实物照片辅助讲解知识点和技能点，突出教材的直观性，激发学生的学习兴趣。

本套教材的编写得到了北京市人力资源和社会保障局职业技能开发研究室、北京市食品安全监控中心、北京市食品及酿酒产品质量监督检验一站、北京市燕京啤酒股份有限公司、北京义利面包食品有限责任公司、北京龙徽酿酒有限责任公司、北京红星股份有限公司和北京家乐福超市双井店等单位的大力支持，在此表示诚挚的谢意！

由于时间和编者水平有限，书中不妥之处在所难免，恳请读者批评指正。

食品检验专业编委会

2013 年 7 月

目录 CONTENTS

前导知识

食品检验是指使用检测设备，采用抽样检查方式和感官检验、理化检验、微生物检验等方法，对各类食品的成品、半成品、原辅料及食品内包装材料等进行检验。

一、食品检验的方法和步骤

1. 食品检验的方法

（1）感官分析法。感官分析法是指凭借人体自身的感觉器官（即通过视觉、听觉、味觉、嗅觉、触觉等），鉴定和评价食品的外观形态、色泽、气味、滋味、组织及状态。

（2）理化分析法。根据测定原理、操作方法等的不同，理化分析法又可分为物理分析法、化学分析法和仪器分析法。

1）物理分析法。通过对被测食品的某些物理性质（如温度、密度、折射率、旋光度等）的测定，可间接求出食品中某种成分的含量，进而判断被检食品的纯度和品质。

2）化学分析法。化学分析法是以物质的化学反应为基础的分析方法。由于反应类型不同、操作方法不同，化学分析法分为以下几种：

①重量分析法。是指根据化学反应生成物的重量求出被测物组分的含量。

②滴定分析法。是指根据化学反应中消耗标准溶液的体积求出待测组分的含量。

③气体分析法。是指根据化学反应中生成气体的体积或气体与吸收剂生成物质的质量求出被测组分的含量。

3）仪器分析法。是指以物质的物理或化学性质为基础（物质的结构、状态等），借助精密的仪器对被测样品进行定性、定量分析。

（3）微生物分析法。微生物分析法是基于某些微生物的生长需要特定的物质而进行相应组分测定的方法。

（4）酶分析法。酶分析法是利用酶的反应进行物质定性、定量的方法。

2. 食品检验的步骤

食品检验的基本步骤包括样品的采集与制备、样品的处理、样品的分析检测和分析结果的记录与处理四个阶段。

样品的采集简称采样，采样是指从整批被检食品中抽取一定量有代表性的样品，供分析化验用。样品的制备是指对数量过多、颗粒太大、组成不均匀的样品进行分取、粉碎、混匀、缩分，以取得平均样品的过程。样品的预处理是指样品经过一些准备性处理，转化为最终分析样品的技术过程。

样品的分析检测是指根据样品的分析目的及所具备的条件选择检验方法。标准方法中根据适用范围设几个并列方法时，要依据适用范围选择适宜的方法。

为了保证分析结果的正确性，分析结果的记录应准确，并按规定的方法进行处理。

二、食品检验的基本要求

1. 水及试剂的要求

在食品分析检验中，实验室试剂的配制、玻璃器皿的冲洗需大量蒸馏水，水是最常用的溶剂。水的纯度对分析质量有很大的影响，在没有特殊注明的情况下，检验方法中未注明其他要求时，均指蒸馏水或去离子水。

溶液未指明用何种试剂配制时，均指水溶液。所用试剂，除特别注明外，均为分析纯。检验方法中未指明具体浓度的硫酸、硝酸、盐酸、氨水均指市售试剂规格的浓度。所用乙醇，除特别注明外，均系 95% 乙醇。一般碱液和金属溶液用聚乙烯瓶存放，需避光的试剂存放在棕色瓶中，其他试剂存放在硬质玻璃的试剂瓶中。

2. 检验用一般器皿的要求

（1）玻璃量器的要求。检验方法中所使用的滴定管、移液管、容量瓶、刻度吸管等玻璃量器均须按国家有关规定及规程进行校正。检验中所使用的各种器皿必须洁净，否则会造成结果误差。

（2）控温设备的要求。检验方法中使用的马弗炉、恒温干燥箱、恒温水浴锅等控温设备均须按国家有关规程进行测试和校正。

（3）测量仪器的要求。天平、酸度计、温度计、分光光度计等测量仪器均须按国家有关规程进行测试和校正。

（4）检验方法所列仪器为该方法所需要的主要仪器，一般实验室常用仪器不再列入。

3. 检验的有关要求

（1）称取。是指用天平进行的称量操作，用数值的有效数位来表示精度要求，如称取 10.0 g，指称量的精度为 ±0.1 g；10.00 g 精度为 ±0.01 g。

（2）准确称取。是指用精密天平进行的称量操作，精度为 ±0.000 1 g。

（3）恒量（恒重）。是指在规定的条件下，连续两次干燥或灼烧后称定的质量差异不超过规定的范围。

（4）量取。是指用量筒或量杯取液体物质的操作，用数值的有效数位来表示精度要求。

（5）吸取。是指用单标线吸量管（移液管）、刻度吸量管取液体物质的操作，用数值的有效数位来表示精度要求。

（6）液体的滴。蒸馏水自标准滴管流下一滴的量，在 20℃时，20 滴相当于 1.0 mL。

（7）定容。是指将溶解后的试剂或溶液，定量地移入指定容量的容量瓶内，并稀释至刻度。

（8）空白试验。除不加试样外，采用完全相同的分析步骤、试剂和用量（滴定法中标准滴定液的用量除外），进行平行操作所得的结果。用于扣除试样中试剂本底和计算检验方法的检出限。

（9）试验中所用的玻璃量器所量取体积的准确度应符合国家标准对该体积玻璃量器的准确度要求。

4. 检验结果的表述

（1）数据的计算和取值应遵循有效数字法则及数字修约规则。

（2）结果的表述。报告平行样的测定值的算术平均值，并报告计算结果表示到小数点后的位数或有效位数，测定值的有效数的位数应能满足卫生标准的要求。检验结果的表示方法应与食品卫生标准的表示方法一致。

（3）检验结果的单位使用法定的计量单位。

（4）如果分析结果在方法的检出限以下，可以用“未检出”表述分析结果，但应注明检出限数值。

（5）最终的检验结果以检验报告的形式出具，检验报告的信息点应全面。

5. 其他要求

（1）检验取样一般只取可食用部分，以所检验样品计算。

（2）检验时必须做平行试验。

（3）如送检的样品感官检查已不符合食品卫生标准或已腐败变质，可不必进行理化检验。

（4）必须严格按照标准中规定的分析步骤进行检验，对检验中的不安全因素应有防护措施。

（5）检验人员应填写好检验记录。

三、食品检验分析结果的表示

1. 计量单位

通常以数据的形式来反映食品检测的结果，并判断被测物质的含量合格与否。检测结果可用不同的单位表示，我国目前采用国际单位制。国际单位制计量单位和国家选定的其他计量单位为国家法定计量单位。

（1）法定计量单位的组成。我国的法定计量单位包括以下内容：

1）国际单位制中的 SI 基本单位，见表 0—0—1。

2）国际单位制的 SI 辅助单位。

3）国际单位制中具有专门名称的 SI 导出单位。

4）国家选定的可与国际单位制单位并用的非国际单位制单位。

5）由以上单位构成的组合形式的单位。

6）由词头和以上单位所构成的十进倍数和分数单位。

表 0—0—1　　　　　　　　国际单位制的基本单位

量的名称	单位名称	单位符号
长度	米	m
质量	千克（公斤）	kg
时间	秒	s
电流	安（培）	A
热力学温度	开（尔文）	K
物质的量	摩（尔）	mol
发光强度	坎（德拉）	cd

（2）食品中常用的法定计量单位

1）质量：千克（kg）；克（g）；毫克（mg）；微克（μg）。

1 kg=1 000 g　1 g=1 000 mg　1 mg=1 000 μg

2）体积：升（L）；毫升（mL）；微升（μL）。

1 L=1 000 mL　1 mL=1 000 μL

3）物质的量：摩尔（mol）；毫摩尔（mmol）。

4）摩尔质量：千克每摩尔（kg/mol）；克每摩尔（g/mol）。

5）密度：千克每立方米（kg/m^3）；克每立方厘米（g/cm^3）。

6）相对密度。

7）摄氏温度：摄氏度（℃）。

8）时间：小时（h）；分（min）；秒（s）。

9）黏度：帕·秒（Pa·s）；厘帕·秒（cPa·s）。

10）波长：纳米（nm）。

2. 分析结果中被测物质含量的一般表示

分析检验结果通常以被测组分实际存在形式的含量表示。分析检验结果的表示应采用法定计量单位，并且尽量与食品卫生标准一致。

（1）固体试样。固体试样中被测组分含量常以质量分数表示，即每百克试样中所含被测物质的克数。

（2）液体试样。液体试样中被测组分含量可用下面一些方式表示：

1）物质的量浓度。表示被测组分的物质的量除以试液的体积（mol/L）。

2）物质的质量摩尔浓度。表示被测组分的物质的量除以试液的质量（mol/kg）。

3）质量分数（w）。表示被测组分的质量除以试液的质量（m/m，%）。

4）体积分数（φ）。表示被测组分的体积除以试液的体积（V/V，%）。

5）质量浓度。表示单位体积试液中被测组分的质量，以 mg/L、μg/L 或 μg/mL 等表示。

3. 实验误差的表述方法

在任何一项分析中，人们都可以看到用同一种方法分析、测定同一样品，虽然经过多次测定，但是测定结果并不完全一样，这说明测定中有误差。为此必须了解误差的产生原因及其表示方法，尽可能地将误差减小到最小，以提高分析结果的准确度。一般用准确度和精密度来表示实验的误差。

（1）分析结果的准确度。准确度是指测定结果与真值的符合程度，常用误差来表示。误差越小，说明测定值的准确度越高。

误差是指测定结果与真值之间的差值。

误差根据其产生的原因可分为系统误差和偶然误差两种。

系统误差是指在测定过程中由于某些经常性的原因所造成的误差，这种误差的大小是可测的，所以又叫作可测定误差。按不同的产生原因，系统误差可分为以下几种：

方法误差——由于分析方法本身不够完善而引入的误差。

仪器误差——由于仪器本身的缺陷造成的误差。

试剂误差——由于试剂不纯，去离子水不合格，引入待测组分或干扰组分而引起的误差。

主观误差——由于操作人员主观原因造成的误差。例如，终点颜色的判断，由于个人辨色能力的差异，有人偏深，有人偏浅，对于具体人而言，在相同条件下，误差会重复出现。

偶然误差是指由于某些偶然因素造成的误差，其大小和方向都不可测定，又叫作不可测定误差。主要来源于分析过程中一些偶然的、暂时不能控制的因素所引起的误差。例如，由于室温、气压、湿度的偶然波动等引起的误差。

误差可用绝对误差和相对误差表示。

绝对误差——测定值与真实值之间的差值。

相对误差——绝对误差在真实值中所占的百分率。

由于测得值可能大于真实值，也可能小于真实值，所以绝对误差和相对误差都可能有正、有负。若测得值大于真实值，误差为正值，即分析结果偏高；反之则结果相反。相对误差反映出误差在测定结果中所占的百分数，它更具有实际意义。

要确定一个测定值的准确度就要知道其误差或相对误差。要求出误差必须知道真实值，但是真实值通常是不知道的。在实际工作中，人们常用标准方法通过多次重复测定，将所求出的算术平均值作为真实值。

（2）分析结果的精密度。在实际工作中，由于真实值是不知道的，所以对分析结果的评价常用精密度来衡量。

精密度是指在同一条件下，对同一样品多次测定，测定值的相互接近程度。常用偏差表示分析结果的精密度。偏差越小，平行测定的测得值越接近，精密度越高。

偏差是指单次测得的值与多次测得的平均值之差，可分为绝对偏差和相对偏差。绝对偏差是指单次测定值与测定平均值的差值。相对偏差是指单次测定绝对偏差的绝对值在平均值中所占的百分率。

由于“真实值”无法准确知道，因此无法计算误差。在实际工作中通常只计算偏差（或用平均值代替真实值计算误差，其结果仍然是偏差）。

（3）准确度和精密度的关系。表征系统误差的准确度与表征偶然误差的精密度是性质不同的两回事，绝不可以混淆。在一组测定中，如果一组测量数据精密度高，不一定准确度也高，因为精密度高只能说明这一组数据之间差异小，但不能说明它们与真实值接近。只有接近真实值，才能说这组数据准确度也高。

4. 有效数字及其运算

实验离不开测量，测量是借助仪器读取数据，测量的结果总有误差。那么，实验中如何读取数据，测得的数据如何进行运算，才能既方便，又具有合理的准确度呢？这就是有效数字及其运算所要讨论的问题。

（1）有效数字的概念。有效数字是指在分析工作中实际上能测量到的数字，通常包括全部准确数字和一位不确定的可疑数字，即在有效数字中只有最后一位数字是可疑的。

例如，25 mL 或 50 mL 滴定管可读数至 0.01 mL，记录消耗 20 mL 滴定剂时应记录为 20.00 mL，为四位有效数字。若记录为 20 mL，表示有 ±1 mL 的误差。0.110 3 mol/L 的标准溶液稀释 1 倍，其浓度应为 0.055 15 mol/L，仍为四位有效数字。

（2）有效数字位数的确定

1）有效数字位数从第一个非零的数算起，有一位算一位。

2）对于 pH 值，有效数字位数从小数点后算起，有一位算一位，小数点后的零也算。例如，pH 值为 6.80 的有效数字位数为 2 位，pH 值为 6.01 的有效数字位数也是 2 位。

3）以科学计数法表示的数据，有效数字位数以乘号前面的数值为准，不用考虑后面的 10 的几次方，与它没有关系。例如，2.23×10^8 的有效数字位数为 3 位。

（3）有效数字的修约规则。总规则是“四舍六入五成双”。

1）四舍。即当尾数小于等于 4 时，则舍，例如，2.844 保留三位有效数字是 2.84。

2）六入。即当尾数大于等于 6 时，则入，例如，2.846 保留三位有效数字是 2.85。

3）五成双。当 5 后面还有不是 0 的任何数时，都要进一位；尾数等于 5 时，若 5 前面为偶数则舍，为奇数时则入。

例如，0.135 001 修约为两位有效数字为 0.14，0.145 000 修约为两位有效数字为 0.14，0.155 000 修约为两位有效数字为 0.16。

4）若被舍弃的数字包括几位有效数字时，不得对该数进行连续修约，而应根据以上规则仅做一次处理。例如，2.324 修约为三位有效数字为 2.32，2.325 修约为三位有效数字为 2.32，2.326 修约为三位有效数字为 2.33，2.335 修约为三位有效数字为 2.34，2.325 01 修约为三位有效数字为 2.33。

（4）有效数字运算规则。在处理数据时，常遇到一些准确度不同的数据，对于这类数据，必须按照一定的计算规则，合理地取舍各数据的有效数字位数，既可节省时间，又可避免因过于烦琐的计算引入错误，使结果能真正符合实际测量的准确度。一般依据以下规则进行计算：

1）加减运算。测量数据一般只保留一位存疑数字。在加减法运算中，运算后的有效数字的位数应与小数点后有效数字位数最少的对齐。例如，在计算 2.037 5+0.074 5+39.54 时，39.54 是小数点后位数最少的，在这三个数据中，它的绝对误差最大，为 ±0.01，所以应以 39.54 为准，其他两个数字也要保留至小数点后第二位，因此三数计算应为 2.04+0.07+39.54=41.65。

2）乘除运算。在乘除运算中，运算后的有效数字的位数与参与运算的数字中有效数字位数最少的相同。例如，在计算 $13.92 \times 0.011\ 2 \times 1.972\ 3$ 时，0.011 2 是三位有效数字，位数最少，它的相对误差最大，所以应以 0.011 2 的位数为准，即 $13.9 \times 0.011\,2 \times 1.97 \approx 0.307$。

（5）先修约后计算为宜。在食品检验的计算中，常量组分的重量法和滴定法测定中，当组分的质量分数大于0.1%时，一般取四位有效数字；质量分数为0.01%～0.1%时，一般保留三位有效数字；对于微量组分（质量分数小于0.01%），一般只取两位有效数字。在表示误差和偏差值时，取 1～2 位有效数字。

四、食品检验分析结果的数据处理

在实际定量分析测试工作中，经常反复地对样品进行测定，然后求出平均值。在一组测定数据中，往往有个别数据与其他测定数据相差较远，这一数据称为可疑值，又称为异常值或极端值。此可疑值使得多次重复测定的数据不可能完全一致，而存在一定的离散性。但多次测出的数据是否都参加平均值的计算，必须进行判断。对可疑值的取舍不能随意决定，应做以下判断：①分析实验中，已经知道某测定值是操作中的过失所造成的，应立即将此数据弃去；②找不出可疑值出现的原因，不应随意弃去或保留，而应按照 Q 检验法、四倍法（$4\bar{d}$法）、标准偏差法和置信区间法进行判断，决定取舍。本书只介绍 Q 检验法和四倍法（$4\bar{d}$法）。

1. Q 检验法

当测定次数 n=3～10 时，根据所要求的置信度（如 90%），按照下列步骤，检验可疑数据是否可以弃去：

（1）将测定结果按从小到大的顺序排列：x_1、x_2、x_3、…、x_n，求出最大值与最小值之差，即极差。

（2）求出可疑值数据 x_1 与 x_n 邻近数据之差。

（3）按下式计算：$Q_{计}=\dfrac{\left|x_{可疑值}-x_{相邻值}\right|}{x_{max}-x_{min}}$

（4）将计算值 $Q_{计}$与临界值 $Q_{表}$（见表 0—0—2）进行比较。若 $Q_{计} \leqslant Q_{表}$，则可疑值为正常值，应保留，否则应舍去。

（5）舍去一个异常值后，再用同样的方法检验另一端，直至无异常值为止。

Q 检验法的缺点：没有充分利用测定数据，仅将可疑值与相邻数据进行比较，可靠性差。在测定次数少时（如 3～5 次），误将可疑值判为正常值的可能性较大。Q 检验法适用于 3～10 个数据的检验。

表 0—0—2　　不同置信度下舍弃可疑值 Q 值

测定次数	3	4	5	6	7	8	9	10
$Q_{0.90}$	0.94	0.76	0.64	0.56	0.51	0.47	0.44	0.41
$Q_{0.95}$	0.98	0.85	0.73	0.64	0.59	0.54	0.51	0.48
$Q_{0.99}$	0.99	0.93	0.82	0.74	0.68	0.63	0.60	0.57

【例】　某检验人员对样品平行测定 5 次，测得的结果分别为 1.62 g、1.60 g、1.61 g、1.63 g、1.52 g，试用 Q 检验法确定测定值 1.52 g 是否应该保留？（置信度为 90%）

解：从表 0—0—2 中可知，当 n=5 时，Q=0.64，则：

$$Q_{计}=\frac{|x_1-x_2|}{x_{max}-x_{min}}=\frac{1.60-1.52}{1.63-1.52}\approx 0.73$$

$Q_{计}>Q_{表}$，故 1.52 g 应予舍去。该测定结果的平均值为 1.62 g。Q 值越大，说明该值离群越远，远至一定程度则应舍去。

2. $4\overline{d}$法

具体步骤如下：

（1）将可疑值除外，求其余数据的平均值和平均偏差。

（2）求可疑值与平均值的差值。

（3）将此值与 $4\overline{d}$进行比较。若$|x_{可疑}-\overline{x}_{n-1}|\geqslant 4\overline{d}_{n-1}$，则将可疑值舍去。

此法运算简单，但只适用于 4 ~ 8 个数据且要求不高的实验数据的检验。

五、提高分析结果准确度的方法

1. 选择合适的分析方法

各种分析方法的准确度和灵敏度是不相同的，为了使测定结果达到一定的准确度，对实际的分析对象要选择合适的分析方法。

2. 减小测量误差

任何分析方法都离不开测量，只有减小了测量误差，才能保证分析结果的准确度。

3. 减小随机误差

通过增加平行测定次数可减小随机误差，一般测 4 ~ 6 次以减小偶然误差。

4．消除测量过程中的系统误差

虽然造成系统误差有多方面的原因，但其原因是固定的，因此应根据具体情况，采用不同的方法来检验和消除。

（1）空白实验。由试剂和器皿所造成的系统误差一般可通过做空白实验来扣除。从分析结果中扣除空白值后，就得到比较可靠的分析结果。空白值不应该很大，否则扣除空白值时会引起较大的误差。若空白值较大时，可通过提纯试剂和改用其他适当的器皿来降低空白值。

（2）对照实验。对照实验就是用同样的分析方法，在同样的条件下，用标准样品代替试样进行平行测定。对照实验是检验系统误差的有效方法。做对照实验时，常用组成与待测试样相近，已知准确含量的标准样品与被测样品按同样方法进行对照实验，或用其他可靠的分析方法进行对照实验，也可由不同人员、不同单位进行对照实验。根据标准样品的分析结果，采用统计检验方法确定是否存在系统误差。

（3）校正仪器。在分析测定中，具有准确体积和质量的仪器，如移液管、滴定管、容量瓶和分析天平等，在准确度要求较高的分析中必须进行校正，以消除因仪器不准所引起的系统误差，并在计算结果时采用校正值。在平行测定中，应使用同一套仪器，这样可以抵消仪器误差。

（4）校正方法。某些分析方法的系统误差可用其他方法直接校正，可选用公认的标准方法与所采用的方法进行比较，从而找出校正系数，消除方法误差。

六、实验室的主要设施

实验室的主要设施见表0—0—3。

表0—0—3　　实验室的主要设施

名称	图片	说明
实验台		实验台一般高0.8～0.9 m，宽约0.75 m。台面具有耐强酸碱、耐磨、耐油、耐热、耐冲击、无毒、无味、抗菌、抗老化、防霉、防水、防火、防潮等特点

续表

名称	图片	说明
洗眼器	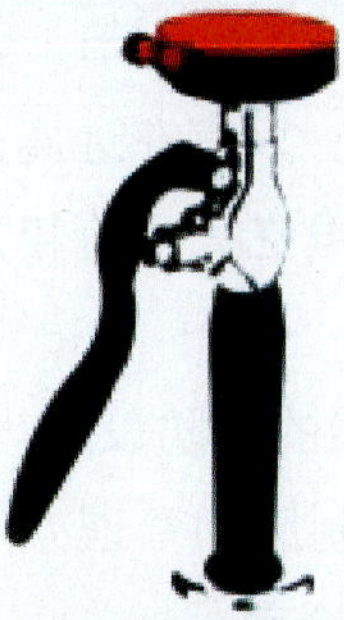	当有毒有害物质（如化学液体等）喷溅到工作人员的身体、脸、眼时，可用洗眼器。洗眼器是可将危害降到最低的有效的安全防护用品。洗眼器只用于紧急情况下，暂时减缓有害物对身体的侵害，进一步的处理和治疗需要遵从医生的指导
滴水架	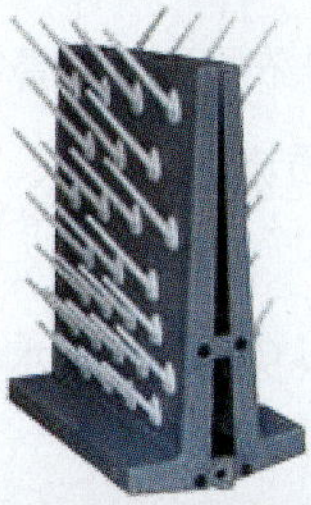	滴水架是用来滴干器皿中水滴的一个工具。具有耐酸碱、耐腐蚀等特点
通风橱	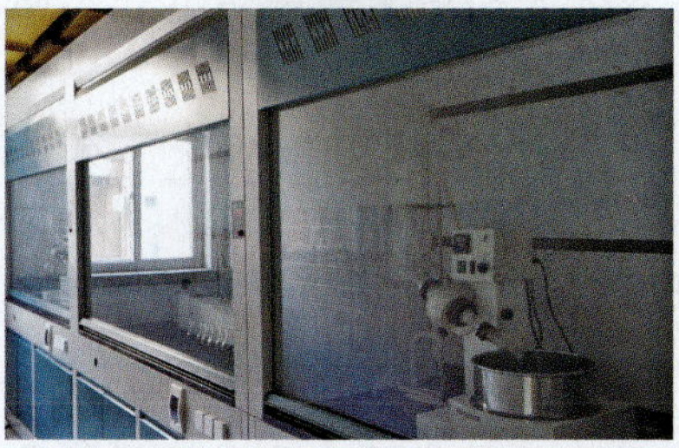	通风橱用于实验室中，可将有害气体排出

七、实验室安全知识

实验室集中了大量的仪器、设备、化学药品、易燃易爆及有毒物质，稍有不慎就有可能引起火灾、爆炸、触电、中毒、放射性伤害、环境污染等，造成人身伤亡或财产损失等事故。为保证检验人员的人身安全和实验室工作的正常进行，食品检验人员应具备安全操作常识，遵守实验室安全守则。

1. 基本安全知识

（1）实验室内严禁饮食、吸烟，严禁一切化学药品入口。

（2）所用药品、标样、溶液都应有标签。绝对不允许在容器内装入与标签不相符的物品。

（3）稀释硫酸时，只能将浓硫酸慢慢注入水中，边倒边搅拌，温度过高时，应冷却或降温后再继续进行，严禁将水倒入硫酸中。

（4）使用有毒和有腐蚀性的物品时，应在通风橱中进行操作。剧毒物质（如氰化物、砷化物等）要有专人管理，并保存于专用柜中，使用时要采取必要的防护措施。

（5）使用可燃物，特别是易燃物（如乙醚、丙酮、乙醇、苯、金属钠等）时，应特别小心。不要大量放在桌上，更不要放在靠近火焰处。只有在远离火源时，或将火焰熄灭后，才可大量倾倒易燃液体。低沸点的有机溶剂不准在火上直接加热，只能在水浴中加热。

（6）实验室应备有急救药品、防护用品和有效可靠的消防设施。

（7）实验室人员必须严格遵守实验室的一切规章制度和管理办法，有义务维护实验室工作的正常运行。非本实验室人员不得随意进入实验室。

（8）实验室应保持室内整齐、干净。不能将毛刷、抹布扔在水槽中。禁止将固体物、玻璃碎片等扔入水槽内，以免造成下水道堵塞，此类物质以及废纸、废屑应放入废纸箱或实验室规定存放的地方。

（9）废液，特别是强酸和强碱切勿倒入水槽内，以免腐蚀下水管道，应先稀释，然后倒入水槽，再用大量自来水冲洗水槽及下水管道。

（10）各种检测仪器的安装、调试、使用、维护和保养要严格按照仪器的使用说明进行。

2. 有毒物品及化学试剂使用安全

（1）一切有毒物品及化学药剂要严格按类存放、保管、发放、使用，并妥善处理剩余物品和残毒物品。

（2）实验室应装通风橱，在使用大量易挥发毒物的实验室应装设排风扇等强化通风设备。

（3）注意保持个人卫生和遵守个人防护规程，绝对禁止在使用毒物或有可能被毒物污染的实验室内饮食、吸烟或在有可能被污染的容器内存放食物。在不能保证无毒的环境下工作时，应穿戴好防护衣物。实验完毕及时洗手，条件允许应洗澡；生活衣物与工作衣物不应在一起存放。

（4）在实验室无通风橱或通风不良，实验过程又有大量有毒物逸出时，实验人员应按规定分类使用防毒口罩或防毒面具。

（5）浓酸、浓碱具有强烈的腐蚀性，切勿溅在皮肤或衣服上。使用浓 HNO_3、HCl、H_2SO_4、$HClO_4$ 和氨水时，均应在通风橱中操作。夏天，打开浓氨水瓶盖之前，应先将氨水瓶放在自来水流水下冷却后再行开启。如不小心将酸或碱溅到皮肤或眼内，应立即用水冲洗，然后用碳酸氢钠溶液（被酸腐蚀时采用）或硼酸溶液（被碱腐蚀时采用）冲洗，最后用水冲洗。

（6）使用 CCl_4、乙醚、苯、丙酮、三氯甲烷等有机溶剂时，一定要远离火焰和热源。使用完毕将试剂瓶塞严，放在阴凉处保存。

3. 实验室安全用电常识

违章用电常常可能造成人身伤亡、火灾或损坏仪器和设备等严重事故。实验室使用电器较多，特别要注意用电安全。为了保证在电路万一发生短路时不至于发生事故，简单有效的办法是在电路中安置熔丝。熔丝的熔断电流应为额定电流的 1.3 ~ 2.1 倍。实验室插头、插座均应用三相插头、插座。所有仪器均应接地。清扫仪器时应关闭电源。严禁用湿抹布擦洗电器。

（1）使用电气设备时应特别细心，切不可用潮湿的手去开启电闸和电气开关。凡是漏电的仪器都不要使用，以免触电。

（2）各种电器应安放在稳固的实验台上，电器接线要牢固并安装地线，用前检查是否漏电。

（3）电源或电气设备的熔丝熔断时，应先查明熔断原因，排除故障后，再按原负荷选用适宜的熔丝进行更换，不得随意加大或用其他金属线代替。

（4）注意保持电线和电气设备干燥，防止线路和设备受潮漏电。

（5）实验室内不应有裸露的电线头；电源开关箱内不准堆放物品，以免发生触电或燃烧。

（6）要警惕实验室内产生电火花或静电，尤其在使用可能构成爆炸混合物的可燃性气体时更需注意。如遇电线走火，切勿用水或导电的酸碱泡沫灭火器灭火。应切断电源，用沙子或 CO_2 灭火器灭火。

（7）有人触电时应立即切断电源，用绝缘物体将电线与人体分离后再实施抢救。

4. 实验室灭火常识

可燃性固体着火用泡沫灭火器。可燃性气体着火用干粉灭火器。油类及可燃性液体着火时，可用沙子、湿衣服等灭火。金属物和发烟硫酸着火时，最好使用黄沙灭火；由电路引起的火，应首先切断电源，再进行灭火。

八、食品检验的相关法规和标准

1. 相关法规

食品检验人员必须了解相关的法律、法规知识，才能更好地保护个人和他人的健康与安全。食品检验人员应知道的相关法规主要有食品安全法、产品质量法、标准化法、计量法等。

（1）食品安全法。在我国，国家高度重视食品安全，早在 1995 年就颁布了《中华人民共和国食品卫生法》。在此基础上，2009 年 2 月 28 日，十一届全国人大常委会第七次会议通过了《中华人民共和国食品安全法》。食品安全法是适应新形势发展的需要，为了从制度上解决现实生活中存在的食品安全问题，更好地保证食品安全而制定的。其中确立了以食品安全风险监测和评估为基础的科学管理制度，明确将食品安全风险评估结果作为制定、修订食品安全标准和对食品安全实施监督管理的科学依据。

（2）产品质量法。1993 年 2 月 22 日第七届全国人民代表大会常务委员会第三十次会议通过了《中华人民共和国产品质量法》。2000 年 7 月 8 日第九届全国人民代表大会常务委员会第十六次会议进行修正。主要内容包括产品质量的监督；生产者、销售者的产品质量责任和义务；损害赔偿和罚则等。

（3）标准化法。1990 年 4 月 6 日中华人民共和国国务院发布《中华人民共和国标准化法实施条例》。主要内容包括：确定了标准体制和标准化管理体制，规定了制定标准的对象与原则以及实施标准的要求，明确了违法行为的法律责任和处罚办法。

（4）计量法。1985 年 9 月 6 日第六届全国人民代表大会常务委员会第十二次会议通过，并于 1986 年 7 月 1 日起施行《中华人民共和国计量法》。主要内容包括总则，计量基准器具、计量标准器具和计量检定，计量器具管理，计量监督，法律责任和附则。宗旨：为加强计量监督管理，健全计量法制，解决国家计量单位制的统一和全国量值的准确可靠问题。

2. 相关标准

标准是为了在一定的范围内获得最佳秩序，经协商一致制定并由公认机构批准，共同使用和重复使用一种规范性文件。进行食品检验工作的依据是有关的标准，食品检验人员必须了解标准的相关知识。

（1）标准的分类及符号

1）根据适用范围分。根据《中华人民共和国标准化法》的规定，我国标准分为国家标准、行业标准、地方标准、企业标准 4 类。

①国家标准。由国务院标准化行政主管部门制定，国家标准在全国范围内适用，其他各级别标准不得与国家标准相抵触。

②行业标准。没有国家标准而又需在全国某个行业范围内统一的技术标准，由国务院有关行政主管部门制定并报国务院标准化行政主管部门备案的标准，行业标准在全国某个行业范围内适用。

③地方标准。没有国家标准和行业标准而又需在省、自治区、直辖市范围内统一的工业产品的安全、卫生要求，由省、自治区、直辖市标准化行政主管部门制定并报国务

院标准化行政主管部门和国务院有关行业行政主管部门备案的标准，在地方辖区范围内适用。

④企业标准。企业生产的产品没有国家标准、行业标准和地方标准，由企业制定的作为组织生产的依据的相应的企业标准，或在企业内制定适用的严于国家标准、行业标准或地方标准的企业（内控）标准，由企业自行组织制定的并按省、自治区、直辖市人民政府的规定备案（不含内控标准）的标准，企业标准在该企业内部适用。

这四类标准主要是适用范围不同，不是标准技术水平高低的分级。

2）按照标准性质，标准分为强制性标准、推荐性标准和指导性技术文件。

①强制性标准。强制性标准是保障人体健康，人身、财产安全以及法律、法规规定必须强制执行的标准。由于强制性标准直接影响人民的生命财产安全，所以任何情况下都必须强制执行。

②推荐性标准。除了强制性标准之外的其他标准是推荐性标准。推荐性标准由采用者自愿选择，可以采用，也可以不采用。当采用并写入合同后，当事人双方必须执行。推荐性标准要在相应的符号后面加“/T”。例如，推荐性国家标准表示为“GB/T ×××—××××”，短横线前面的表示标准顺序号，后面的表示标准制定或修改年限，也叫标准发布年号。

③指导性技术文件。对于技术尚在发展中，需要有相应的标准文件引导其发展或具有标准化价值，尚不能制定为标准的项目，以及采用国际标准化组织、国际电工委员会及其他国际组织的技术报告的项目，可制定国家标准化指导性技术文件。

（2）标准的代号和编号

1）标准的代号。GB—国家标准；QB—轻工行业标准；SB—商业行业标准；DB××—地方标准（DB 后面的数字为省、自治区、直辖市行政区划代码前两位数字）。标准代号后加斜线“／”，斜线后再加 T 的为推荐性标准（不加 T 的为强制性标准）。

2）标准的编号。标准的编号由标准代号、标准发布顺序号和标准发布年号组成。如 GB 10786—2006 为强制性国家标准，10786 为标准发布顺序号，2006 为该标准发布的年号；GB/T 15687—2008 为推荐性国家标准，15687 为标准发布顺序号，2008 为该标准发布的年号。

（3）食品检验常用标准。采用国际标准和国外先进标准。食品检验常用标准主要有《食品安全国家标准　预包装食品标签通则》（GB 28050—2011）、《食品卫生微生物学检验》（GB/T 4789）和《食品卫生检验方法　理化部分》等。

项目一

常用器皿的使用

任务1　常用器皿的认识和洗涤

【学习目标】

1. 了解常用器皿的规格、性能、用途。
2. 熟悉实验室常用的洗涤剂及其使用方法。
3. 掌握常见玻璃仪器的分类、洗涤、干燥及保管方法。
4. 能正确选择洗涤剂洗净常用玻璃仪器。

【任务引入】

本任务要为某实验室即将进行的某实验做以下两项准备工作：

1. 从常用玻璃仪器（见图1—1—1）中选出烧杯、量筒（杯）、试管、试剂瓶、三角瓶、碘量瓶。

2. 将选出的烧杯、量筒（杯）、试管、试剂瓶、三角瓶、碘量瓶洗涤干净备用。

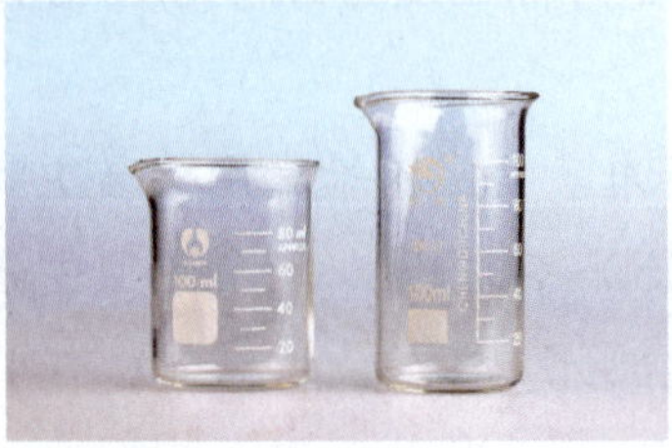
a）

b）

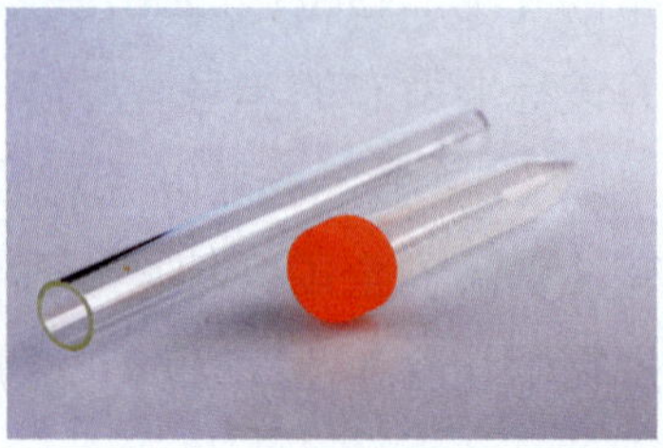
c）

d）

e）

f）

g）

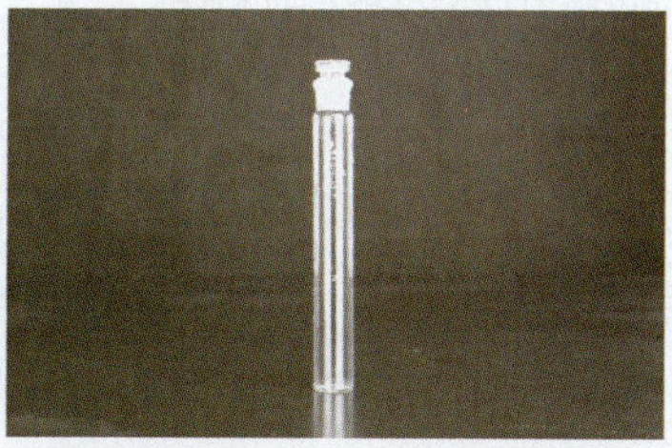

h）

i）

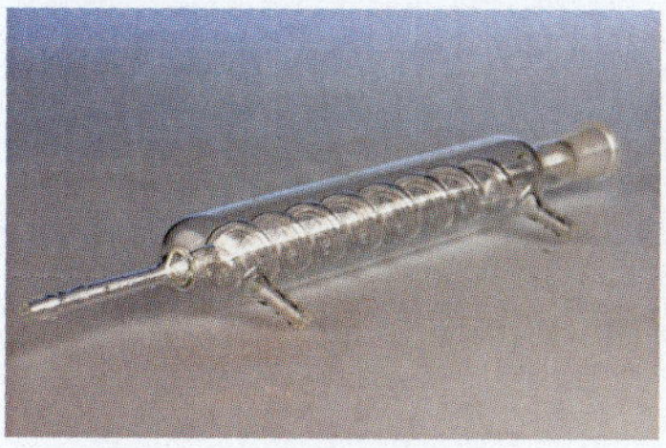

j）

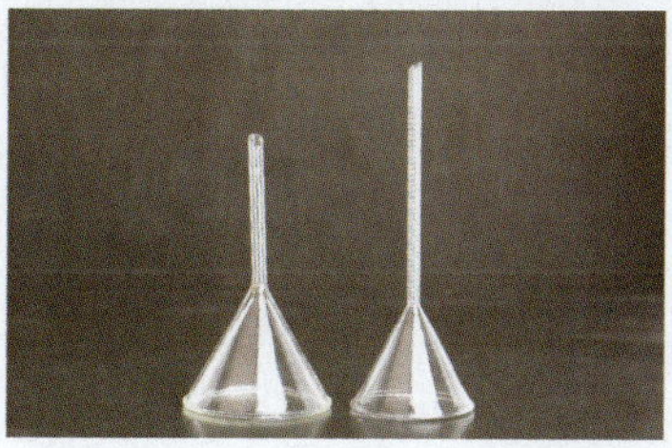

k）

l）

m）

n）

o）

图 1—1—1　常用玻璃仪器

a）烧杯　b）锥形瓶　c）试管　d）滴瓶　e）烧瓶　f）量筒（杯）　g）称量瓶　h）比色管　i）表面皿　j）冷凝管　k）漏斗　l）干燥器　m）试剂瓶　n）碘量瓶　o）研钵

【任务分析】

在进行食品检验时，经常需要用到各种玻璃仪器，因此，必须认识各种实验室常用玻璃仪器并掌握其使用方法。另外，在食品检验中，需要使用洁净的玻璃仪器，否则会影响检验结果的准确性，所以对实验所用的各种仪器必须洗涤干净。洗涤时应根据污物性质和实验要求选择不同洗涤剂及不同洗涤方法。

【相关知识】

一、实验室常用玻璃仪器

玻璃仪器是食品检验工作中最常用、最基本的仪器。玻璃仪器种类很多，按用途大体可分为容器、量器和其他有特定用途的玻璃仪器。

1. 玻璃仪器的分类

（1）容器。包括各种试剂瓶、滴瓶、烧杯、三角瓶、试管等。主要用于盛装物品以进行化学反应。根据它们能否受热又可分为可加热的仪器和不宜加热的仪器。

（2）量器。包括各种滴定管、吸量管、容量瓶、量筒和量杯等。主要用于液体的计量。量器一律不能受热。

量器分为量出式量器和量入式量器。量出式量器（量器上标有“Ex”）包括滴定管和移液管等，用于测定从量器中排出液体的体积；量入式量器（量器上标有“In”）包括容量瓶等。

（3）其他有特定用途的玻璃仪器。包括各种冷凝管、漏斗、称量瓶、干燥器、玻璃研钵等。

2. 玻璃仪器的选择

一般选择硬质玻璃仪器。有些试剂对玻璃有腐蚀性（如碱液和金属溶液等），常选用聚乙烯瓶储存；遇光不稳定的，用棕色玻璃瓶避光储存。还要考虑到容量、精度和加热的要求等。

化学实验室常用的玻璃仪器的规格、用途及使用注意事项见表 1—1—1。

表 1—1—1　　实验室常用玻璃仪器的规格、用途及使用注意事项

名称	规格及种类	用途	使用注意事项
烧杯 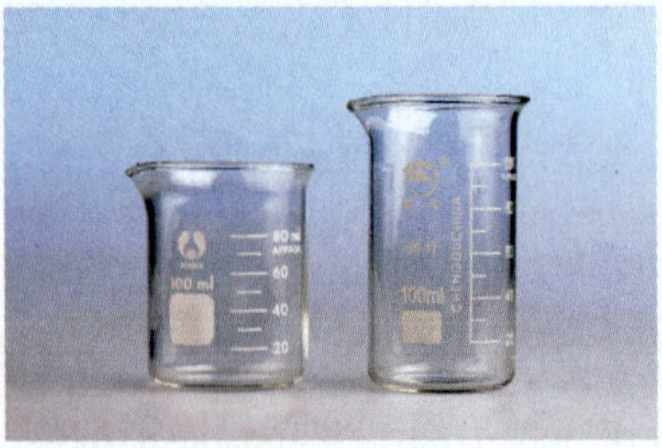	（1）规格以容量（mL）表示：有 10 mL、15 mL、25 mL、50 mL、100 mL、250 mL、500 mL、1 000 mL、2 000 mL 等 （2）种类：有一般型和高型、有刻度和无刻度等	（1）溶解样品，配制溶液 （2）盛取、蒸发浓缩或加热溶液 （3）作为不挥发性物质和滴定的反应容器	（1）加热时要垫石棉网，不能干烧 （2）杯内的待加热液体体积不要超过总容积的 2/3 （3）加热腐蚀性液体时，杯口要盖表面皿

续表

名称	规格及种类	用途	使用注意事项
锥形瓶 	（1）规格以容量（mL）表示：有 50 mL、100 mL、250 mL、500 mL、1 000 mL 等 （2）种类：有具塞、不具塞两种	（1）加热处理样品 （2）滴定分析中用于滴定容器，方便振荡 （3）加热时用作反应容器，可避免液体大量蒸发	（1）加热时要垫石棉网 （2）磨口具塞锥形瓶加热时要打开塞子 （3）非标准磨口的塞子要保持原配 （4）滴定时所盛溶液不超过容积的 1/3
碘量瓶 	规格以容量（mL）表示：有 50 mL、100 mL、250 mL、500 mL、1 000 mL 等	碘量法或其他挥发性物质的滴定分析时用作滴定容器	（1）为防止内容物挥发，瓶塞处用水或 KI 水溶液密封 （2）可垫石棉网加热，在较低温度加热时，要将瓶塞打开
滴瓶 	规格以容量（mL）表示：有 30 mL、60 mL、125 mL 等 滴管上配有橡皮的胶帽	用于存放逐滴加入的试剂溶液	（1）滴瓶上的滴管和滴瓶配套使用 （2）滴瓶不能长期盛放碱性液体，以免腐蚀、黏结 （3）滴管不能颠倒，以防止试液进入胶头
试管 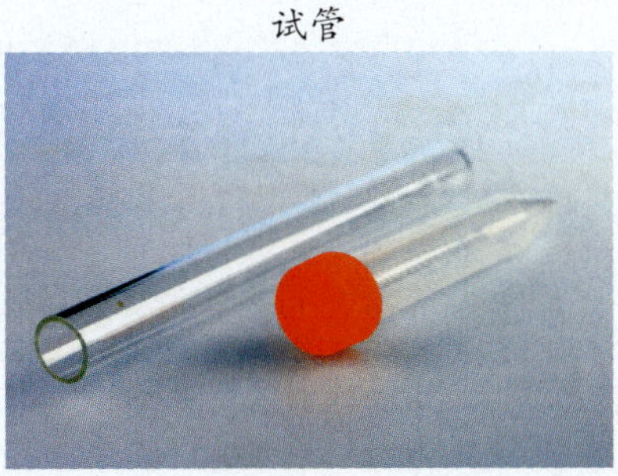	（1）规格：有刻度试管以容积（mL）表示，有 10 mL、20 mL 等；无刻度试管以直径（mm）× 长度（mm）表示，有 10 mm × 100 mm、15 mm × 150 mm、18 mm × 180 mm、20 mm × 200 mm 等 （2）种类：有平口试管、翻口试管，有刻度、无刻度；有支管、无支管；具塞、无塞等几种（离心试管也有具刻度和无刻度之分）	（1）用作少量试剂的反应容器 （2）用于收集少量气体 离心试管用于沉淀分离	（1）普通试管可直接用火加热，硬质的可加热至高温，但不能骤冷，加热前要擦干外壁 （2）反应液体不超过容积的 1/2，加热液体时，内容物不得超过容积的 2/3；加热要均匀，试管要倾斜 45° （3）加热固体时，应先小心进行预热；加热时管口稍向下 （4）离心试管不能直接加热，只能用水浴加热

续表

名称	规格及种类	用途	使用注意事项
烧瓶 	（1）规格以容量（mL）表示：有250 mL、500 mL、1 000 mL等 （2）种类：有平底、圆底两种	加热条件下用作反应器或蒸馏器 圆底的耐压，平底的不耐压	（1）盛放的反应物料或液体不超过容积的2/3，但也不宜太少 （2）加热前，先将外壁擦干，放在石棉网上。加热时，要固定在铁架台上
称量瓶 	（1）规格以瓶外径与瓶高的乘积表示。高型称量有25 mm×40 mm、30 mm×50 mm、30 mm×60 mm三种，扁型称量瓶有25 mm×25 mm、50 mm×30 mm和60 mm×30 mm三种 （2）种类：有扁型、高型两种	扁型用于测定水分或在烘箱中烘干基准物；高型用于准确称量一定量的固体	（1）盖子与瓶子务必配套使用，切忌互换 （2）称量瓶使用前必须洗涤洁净、烘干，冷却后方能用于称量 （3）称量时要用洁净、干燥、结实的纸条围在称量瓶外壁进行夹取，严禁直接用手拿取称量瓶
比色管 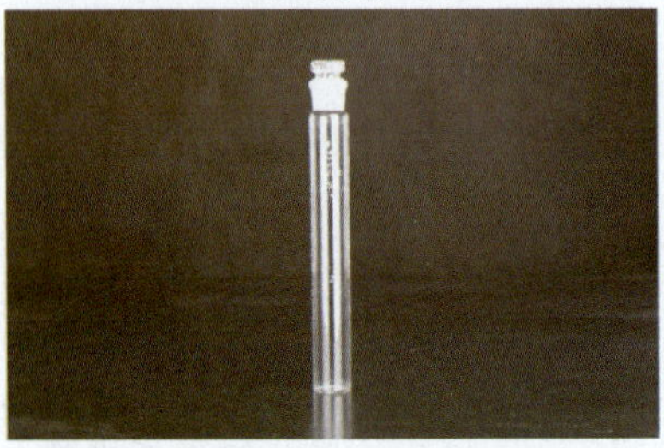	（1）规格以容量（mL）表示：有5 mL、10 mL、25 mL、50 mL、100 mL等 （2）种类：有带刻度、不带刻度，具塞、不具塞等	（1）用于目视比色分析 （2）盛放溶液，比较溶液颜色的深浅，进行光度分析	（1）比色时必须选用质量、口径、厚薄、形状完全相同的比色管 （2）不能用毛刷擦洗，不能加热，要保持管壁尤其是管底的透明度
表面皿 	规格以直径（mm）表示有：45 mm、50 mm、60 mm、77 mm、90 mm、100 mm、120 mm、150 mm等	（1）用来盖在蒸发皿、烧杯等容器上，以免溶液溅出或灰尘落入 （2）作为称量试剂的容器	（1）不能用火直接加热 （2）作盖用时，其直径应比被盖容器略大 （3）用于称量时应洗净、烘干

续表

名称	规格及种类	用途	使用注意事项
冷凝管 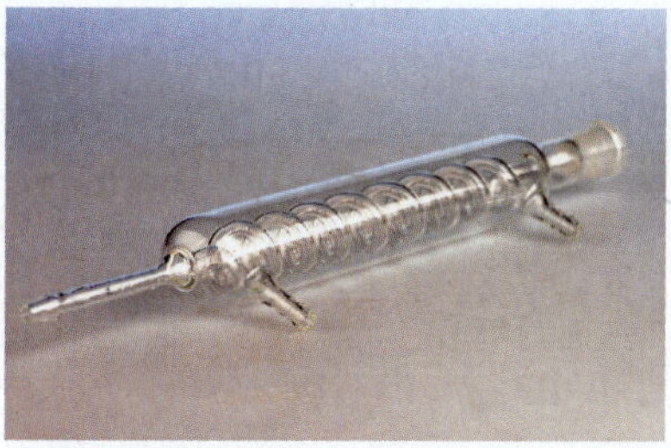	（1）规格以直径（mm）表示：有300 mm、400 mm、500 mm 等 （2）种类：有直形、球形、蛇形和标准磨口等	（1）在蒸馏中作为冷凝装置 （2）球形的冷却面积大，加热回流最适用	（1）装配仪器时，先装冷却水胶管，再装仪器 （2）通常从下支管进水，从上支管出水 （3）开始进水需缓慢，水流不能太大
漏斗 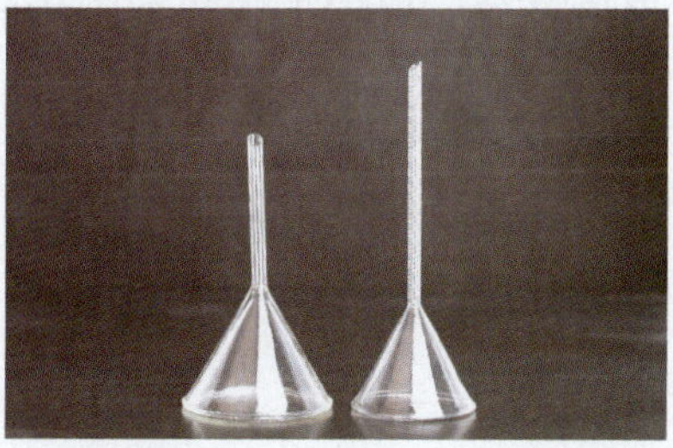	（1）规格以直径（mm）表示： 1）长颈：直径为50 mm、60 mm、75 mm，管长150 mm 2）短颈：直径为50 mm、60 mm，管长90 mm、120 mm （2）锥体均为60°，有短颈、长颈、粗颈、无颈等种类	（1）用于过滤，倾注液体导入小口容器中 （2）粗颈漏斗：可用来转移固体试剂 （3）长颈漏斗：常用于装配气体发生器，作加液用	（1）不能用火加热，过滤的液体也不能太热 （2）过滤时，漏斗颈尖端要紧贴承接容器的内壁 （3）长颈漏斗在气体发生器中作加液用时，颈尖端应插入液面以下
干燥器 	（1）规格以内径（mm）表示：有150 mm、180 mm、210 mm 等 （2）种类：分普通干燥、真空干燥两种	（1）内放干燥剂。存放物品，以免物品吸收水汽 （2）定量分析时，将灼烧过的坩埚放在其中冷却	（1）灼烧过的物品放入干燥器前温度不能过高，并在冷却过程中要每隔一定时间打开一次盖子，以调节干燥器内压力 （2）干燥器内的干燥剂要按时更换 （3）避免盖子滑动而打破
试剂瓶 	（1）规格以容量（mL）表示：有5 mL、10 mL、25 mL、50 mL、100 mL、250 mL、500 mL、1 000 mL、2 000 mL 等 （2）种类：有广口、细口；磨口、非磨口；下口瓶、龙头瓶；无色、棕色等	（1）广口瓶存放固体试剂 （2）细口瓶盛放液体试剂 （3）棕色试剂瓶存放见光易分解的试剂或试液 （4）无色试剂瓶盛放一般性的试剂	（1）存放碱性溶液时要配胶塞 （2）不能在瓶内直接配制溶液 （3）不能直接加热 （4）使用过程中不要弄乱、弄脏塞子 （5）溶液一经倒出不能再倒回试剂瓶中

续表

名称	规格及种类	用途	使用注意事项
量筒（量杯） 	（1）规格以容积（mL）表示：有 5 mL、10 mL、25 mL、50 mL、100 mL、250 mL、500 mL、1 000 mL、2 000 mL 等 （2）上下大小一样的叫作量筒；上口大下部小的叫作量杯。有具塞、无塞等	量取一定体积的液体	（1）不能作为反应容器，不能加热 （2）不可量热的液体 （3）不能在烘箱中烘烤

另外，吸量管、容量瓶、滴定管也是实验室常用的玻璃仪器，但由于用起来比较复杂，在本项目后面三个任务中详细讲解。

二、实验室常用其他器皿

化学实验室常用其他器皿的规格、用途及使用注意事项见表 1—1—2。

表 1—1—2　　实验室常用其他器皿的规格、用途及使用注意事项

名称	规格及种类	用途	使用注意事项
蒸发皿 	（1）规格以上口直径（mm）× 皿高（mm）表示：有 60 mm × 30 mm、90 mm × 40 mm、120 mm × 45 mm 等 （2）有瓷、石英、铂等制品	蒸发或浓缩溶液，也可作为反应器，还可用于灼烧固体	（1）能耐高温，但不宜骤冷 （2）一般放在铁环上直接用火加热，但须在预热后再提高加热强度
坩埚 	（1）规格以容量（mL）表示：有 10 mL、15 mL、20 mL、25 mL、30 mL、40 mL、50 mL 等 （2）有瓷、石墨、铁、镍、铂等材料制品	熔融或灼烧固体	（1）根据灼烧物质的性质选用不同材料的坩埚 （2）耐高温，直接用火加热，但不宜骤冷 （3）铂制品的使用要遵照专门的说明

续表

名称	规格及种类	用途	使用注意事项
坩埚钳 	由铁或铜合金制成，表面镀铬	夹取高温下的坩埚或坩埚盖	
研钵 	（1）规格以口径（mm）表示：有 70 mm、90 mm、105 mm 等 （2）种类：有玻璃、瓷、铁、玛瑙材料等制品	混合、研磨固体物质	（1）不能作为反应容器，放入物质体积不超过容积的 1/3 （2）根据物质性质选用不同材料的研钵 （3）易爆物质只能轻轻压碎，不能研磨
点滴板 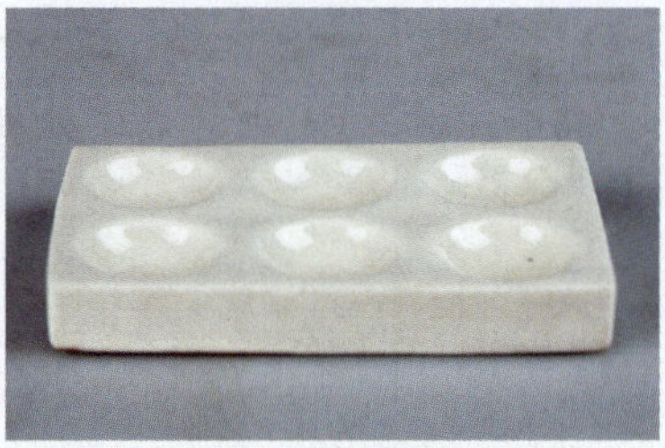	上釉瓷板，分黑、白两种	在上面进行点滴反应，观察沉淀生成或颜色变化	不能加热
试管架 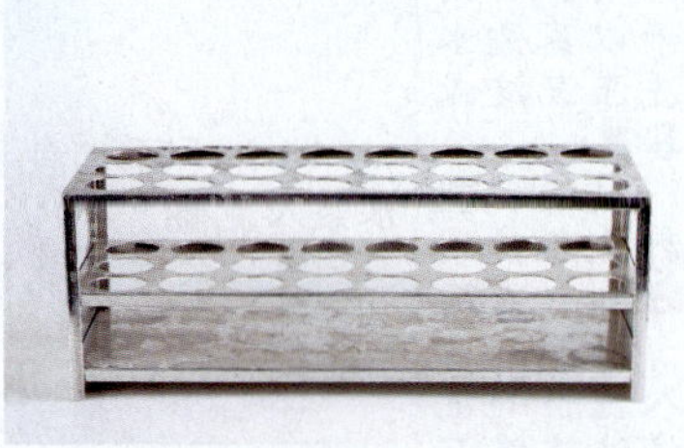	试管架有木质、铝制和塑料制等 有大小不同、形状不一的各种规格	放置试管	
移液管（吸量管）架 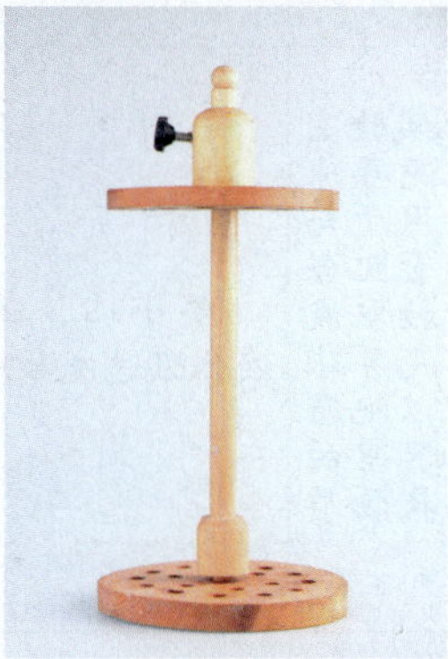	分竖式和横式两种	放置各种规格的移液管（吸量管）	

续表

名称	规格及种类	用途	使用注意事项
石棉网 	由铁丝编成，涂上石棉层	盛放受热容器，使加热均匀	不能浸水或扭拉，以免损坏石棉
药匙 	由骨、塑料或不锈钢等材料制成	取固体试剂或样品	（1）取少量时，用小端 （2）每次用完应洗净、擦干
毛刷 	规格以大小和用途表示，如试管刷、烧杯刷等	用于洗刷玻璃仪器	毛脱落后不能使用
洗瓶 	以容积（mL）表示，有玻璃和塑料两种	（1）用于以蒸馏水洗涤沉淀或容器 （2）塑料洗瓶使用方便、卫生 （3）装入适当的洗涤液洗涤沉淀物	（1）不可把自来水装入洗瓶 （2）不可加热塑料洗瓶
洗耳球 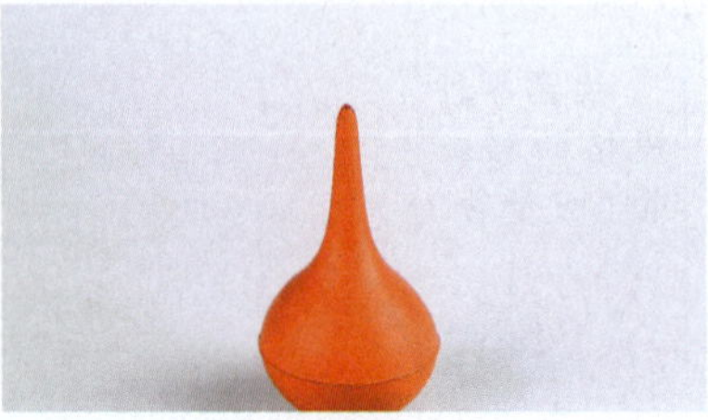	规格有 30 mL、60 mL、90 mL、120 mL 等	在实验室内，洗耳球主要用于与吸量管配合定量抽取液体，洗耳球还可以把密闭容器里的粉末状物质吹散	要小心，不能把液体吸进洗耳球内

续表

名称	规格及种类	用途	使用注意事项
比色管架 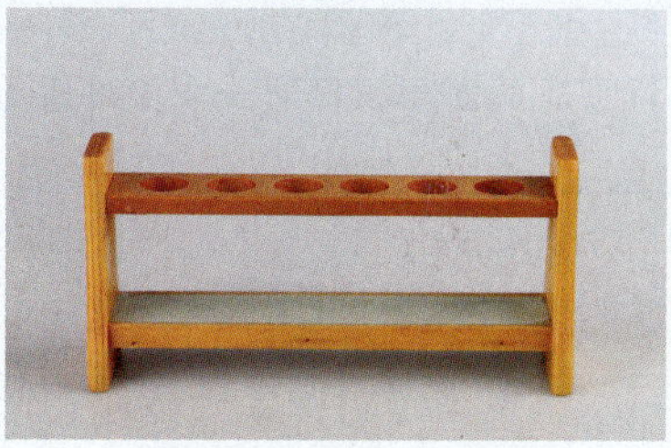	种类：木制比色管架、塑料比色管架、不锈钢比色管架、铝质比色管架等	放置比色管，用于目视比色	
铁架台 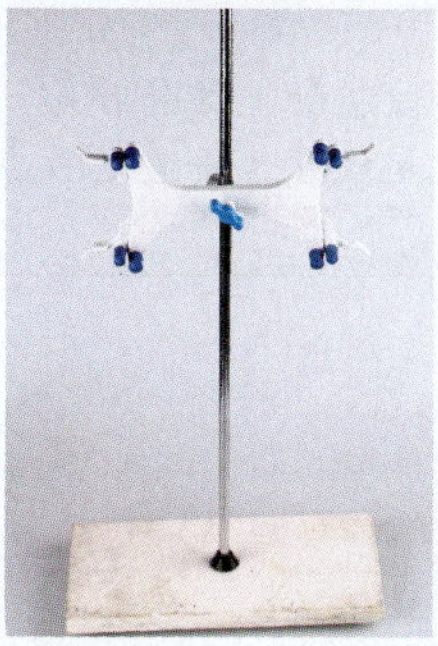	（1）规格以铁圈的直径（mm）表示：有 50 mm、70 mm、100 mm 等 （2）种类：根据铁夹的结构，有十字夹、双钳、三钳等种类	固定或放置器皿	（1）固定器皿时，应使装置的重心落在铁架台底座中部，以保证稳定 （2）夹持器皿时以不转动为宜

三、几种常用玻璃仪器的使用方法

几种常用玻璃仪器的使用方法见表 1—1—3。

表 1—1—3　　几种常用玻璃仪器的使用方法

仪器	使用方法
量筒和量杯	1. 倒入液体至洁净的量筒（杯），多余的液体用洁净的吸管吸出 2. 读数，读数时视线应与液面水平，读取与液面最低点相切的刻度。量取不透明或深色液体时，可读两侧最高点的刻度 3. 倒出液体，将量筒或量杯的嘴贴紧接收器内壁倒出，等待 30 s 即可 4. 洗净量筒或量杯并放在指定位置
试剂瓶	1. 洗净试剂瓶备用，若用来盛放已知浓度的标准溶液，则应烘干或用所盛放的溶液洗涤试剂瓶内壁 3 次以上 2. 将配好的试液沿玻璃棒加入干净的试剂瓶中，贴上标签，放置备用 3. 倒出溶液，打开瓶塞，将瓶塞倒置于洁净的台面上。将试剂瓶贴有标签的一面握在手心。慢慢倒出所需的量，将瓶口剩余的一滴靠入接收器中，慢慢竖直试剂瓶。溶液倒出后不能再倒回试剂瓶 4. 用毕，盖上瓶塞放回原处
烧杯	1. 将有关试剂或试液放入洁净的烧杯内。加入液体时应沿烧杯内壁或用玻璃棒加入 2. 若要进行搅拌时，应该手持玻璃棒并转动手腕，使玻璃棒在液体中均匀转圈。玻璃棒不要碰烧杯内壁，以免打碎烧杯。停止搅拌时，玻璃棒应放在烧杯内 3. 在烧杯内进行滴定操作时，用玻璃棒进行搅拌 4. 用后，洗净放在干净的位置

续表

仪器	使用方法
锥形瓶	1. 加入试液，并将瓶壁上的试液用蒸馏水冲洗下去 2. 为防止挥发，可在瓶口盖一表面皿 3. 摇动混匀时用右手的拇指、食指和中指拿住锥形瓶的瓶颈，沿同一方向按圆周摇动锥形瓶，不要前后振动 4. 用后，洗净放在干净的位置
碘量瓶	1. 检查磨口塞是否配套 2. 加入试液及有关反应物 3. 在瓶口加液封口 4. 摇动混匀，在滴定时，用摇动锥形瓶的方法进行摇动，但不可放下瓶塞 5. 用后，洗净放在干净的位置
滴瓶	1. 将配制好的溶液加入洁净的滴瓶内，贴上标签 2. 使用时，提起滴管，使下管口离开液面，用手指挤捏滴管上部的胶帽，然后，再将滴管伸入滴瓶中的溶液，放松手指，吸入溶液，再提起滴管，垂直地放在接收器口上方，轻轻挤捏胶帽，逐滴放出溶液

四、玻璃仪器的洗涤

1. 常用的洗涤剂

洗涤玻璃仪器时，应根据实验要求、污物的性质及污染程度，合理选用洗涤剂。水是最普通、最廉价、最方便的洗涤液，可用来洗涤水溶性污物。用洗衣粉或合成洗涤剂配制成一定浓度的溶液，是实验室常用的洗涤剂，洗涤油脂类污垢效果较好。实验室常用洗涤剂的配制方法及用途和用法表见 1—1—4。

表 1—1—4　　常用洗涤剂的配制方法及用途和用法

洗涤剂名称	配制方法	用途和用法
铬酸洗液	将研细的重铬酸钾 20 g 溶于 40 mL 水中，再慢慢加入 360 mL 浓 H_2SO_4，边加边搅拌，冷却后，转移至试剂瓶中备用	适用于洗涤被无机物污染和器壁残留少量油污的玻璃仪器。浸泡一段时间洗涤效果更好。不可随意乱倒。此洗液可重复使用，失效时的颜色为绿色
氢氧化钠高锰酸钾洗涤剂	用 4 g K_2MnO_4 溶于少量的水中，加入 10 g NaOH，再加水至 100 mL，装瓶	除去油污和其他有机污垢，使用时倒入欲洗的仪器，浸泡一会儿再倒出，但会留下褐色二氧化锰痕迹，须用盐酸或草酸洗涤剂洗去
碱性洗液	10%NaOH 水溶液或乙醇溶液。	水溶液加热（可煮沸）使用其去油效果较好，注意煮的时间太长会腐蚀玻璃
碱性高锰酸钾洗液	将 30 g 高锰酸钾溶于水中，然后加入 10 g NaOH，用水稀释至 100 mL	洗涤油污或其他有机物，洗后容器污染处有褐色二氧化锰析出，再用浓盐酸或草酸洗液、硫酸亚铁、亚硫酸钠等还原剂去除

续表

洗涤剂名称	配制方法	用途和用法
有机溶剂	如乙醇、乙醚、丙酮、汽油、石油醚等	可用来洗涤各种油污。但有机溶剂易着火，有的甚至有毒，使用时应注意安全
特殊洗涤剂	如硫化物污垢可用王水溶解；沾有硫黄时可用 Na_2S 处理；AgCl 污垢可用氨水或 $Na_2S_2O_3$ 处理	一些污垢用一般的洗涤剂不能除去，可根据污垢的性质，采用适当的试剂进行处理。

2. 洗涤玻璃器皿的一般步骤

（1）初用玻璃仪器的清洗。新购买的玻璃仪器表面常附着有游离的碱性物质，可先用洗洁精稀释液、肥皂水或去污粉等洗刷后再用自来水洗净，然后浸泡在 1%～2% 盐酸溶液中过夜（不少于 4 h），再用自来水冲洗，最后用蒸馏水冲洗 2～3 次，在 80～100℃烘箱内烤干备用。

（2）使用过的玻璃仪器的清洗。洗涤使用过的玻璃仪器时，通常先用自来水洗涤。用自来水洗涤不能奏效时再用肥皂液、合成洗涤剂等刷洗。仍不能除去的污物应采用其他洗涤剂洗涤。洗涤完毕都要用自来水冲洗干净，此时仪器内壁应不挂水珠。最后用少量蒸馏水淋洗 2～3 次。直至仪器内、外壁不挂水珠为止。

3. 洗涤方法

玻璃器皿洗净的标准是玻璃器皿内壁被水均匀地润湿，而无任何条纹和水珠存在。洗涤玻璃仪器时可采用下列几种方法：

（1）振荡洗涤。又叫冲洗法，若器皿上的污物是水溶性物质，可在器皿内注入少量水，稍用力振荡后，把水倒掉，如此反复洗涤数次至干净为止。

（2）刷洗法。器皿内壁附有不溶性污物时，可用毛刷刷洗。准备一些用于洗涤各种形状仪器的毛刷，如试管刷、烧杯刷、瓶刷等。先用水湿润仪器内壁，再选用合适的毛刷蘸取少量洗涤剂进行刷洗。刷洗时不能用力过猛，以免损坏仪器。

（3）浸泡洗涤。对不溶于水、刷洗也不能除掉的污物，可利用洗涤剂与污物反应转化成可溶性物质而除去。先把仪器中的水倒净，再倒入少量洗涤剂，转几圈使仪器内壁全部润湿，再将洗涤剂倒入回收瓶中。用洗涤剂浸泡一段时间效果更好。

五、玻璃仪器的干燥

实验室中往往需要洁净、干燥的玻璃仪器，将玻璃仪器洗涤干净后，要采取合适的方法对其进行干燥，玻璃仪器的干燥一般采取下列几种方法：

1. 晾干

对不急于使用的仪器，可将玻璃器皿放在无尘处倒置自然干燥，也可将其放置在带有透气孔的玻璃柜内。

2. 烘干

将洗净的器皿控去水分，放在电烘箱的搁板上烘干；也可将其放在红外灯干燥箱中烘干。带实心玻璃塞的器皿及厚壁仪器烘干时要慢慢升温并且温度不可过高，以免烘裂，量器不可放于烘箱中烘干。

3. 热（冷）风吹干

将仪器倒置沥去水分，用电吹风的热风或气流烘干玻璃仪器。

4. 快干

用少量乙醇、丙酮（或最后再用乙醚）倒入已除去水分的玻璃器皿中，摇洗后除去溶剂（溶剂要回收），转动仪器使仪器内壁湿润后，倒出混合液（回收），然后晾干或吹干。此法要求通风好，防止中毒，不可接触明火，以防有机溶剂爆炸。一些不能加热的仪器（如比色皿等）或急需使用的仪器可用此法干燥。

带有精密刻度的计量容器不能用加热方法干燥，否则会影响仪器的精度，可采用晾干或冷风吹干的方法干燥。

六、玻璃器皿的保管

玻璃器皿要分门别类存放在实验柜中，以便取用。

1. 称量瓶

称量瓶烘干后放在干燥器中冷却和保存。

2. 吸量管

吸量管洗净后置于防尘的盒中保存。

3. 滴定管

滴定管用后应倒去内装的溶液，洗净后装满纯水，上盖玻璃短试管或塑料套管，也可倒置夹于滴定管架上。长期不用的酸式滴定管要除掉凡士林后垫纸，用橡皮筋拴好活塞保存。

4. 带磨口塞的玻璃器皿

容量瓶在洗净前要用橡皮筋或小线绳把塞和管口拴好，以免打破塞子或互相弄混。需长期保存的磨口器皿应在塞与磨口之间垫一张纸片，以免日久黏住。

5. 成套仪器

对于成套仪器，如索氏萃取器、气体分析器等用完要立即洗净，放在专门的纸盒里保存。

【任务实施】

一、选出烧杯、量筒（杯）、试管、试剂瓶、三角瓶、碘量瓶

名称	烧杯	量筒	试管
图示	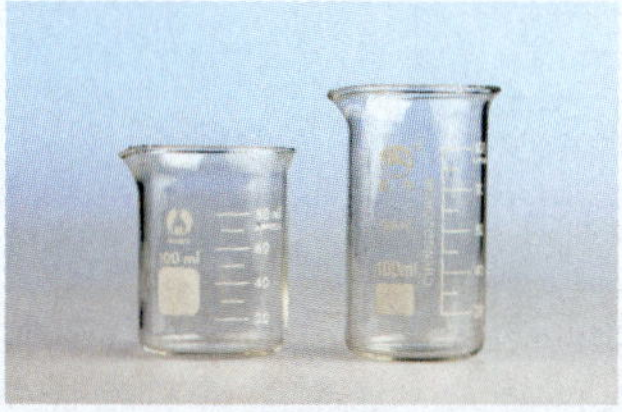		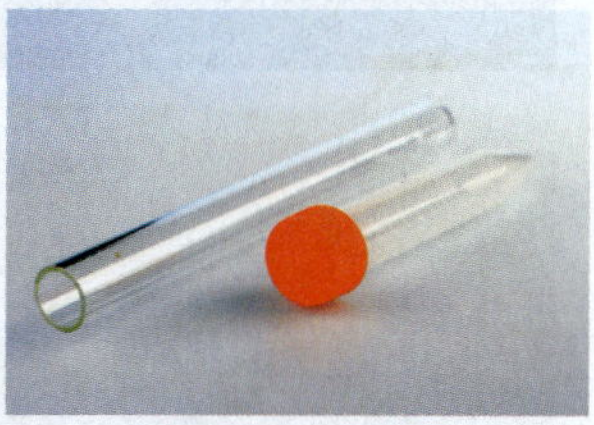
名称	试剂瓶	三角瓶	碘量瓶
图示			

二、玻璃仪器的洗涤（以洗涤用过的烧杯为例）

1. 实验准备

（1）毛刷、烧杯。

（2）试剂。

1）洗洁精或其他合成洗涤剂。

2）铬酸洗液。

2. 操作步骤

配图	操作步骤	操作说明
	（1）用水刷洗。首先用毛刷刷洗仪器，用水冲去可溶性物质及表面黏附的灰尘	洗涤量器时，不能用试管刷刷洗内壁
	（2）用合成洗涤剂刷洗。倒入少量的洗涤剂，用毛刷刷洗烧杯内、外壁	用自来水洗涤不能奏效时再用肥皂液、合成洗涤剂等刷洗
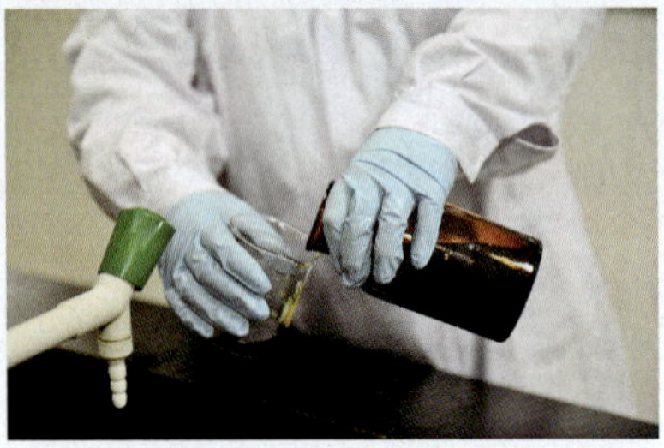	（3）用洗液洗涤。向烧杯中倒入少量洗液，转几圈使仪器内壁全部润湿	对于用肥皂液、合成洗涤剂等仍不能除去的污物，用其他洗液洗涤
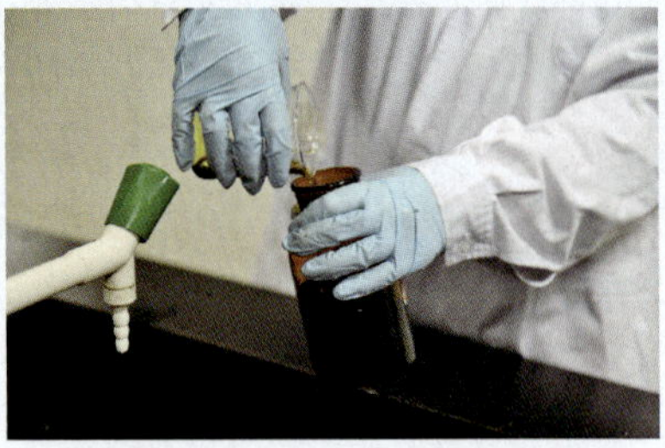	（4）再将洗液倒入洗液回收瓶中	铬酸洗液可重复使用，失效时的颜色为绿色
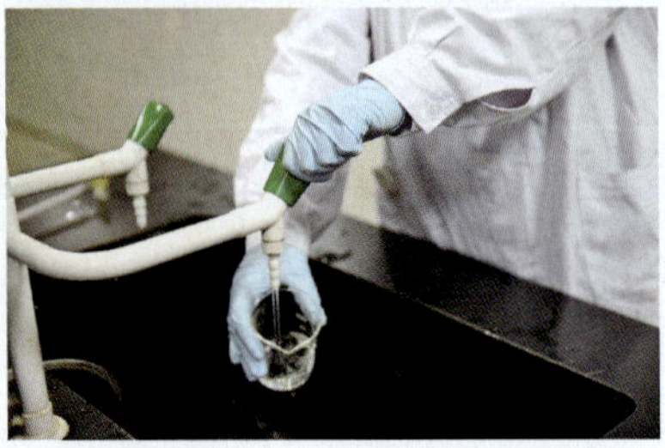	（5）用自来水冲洗	此时仪器内、外壁应不挂水珠

续表

配图	操作步骤	操作说明
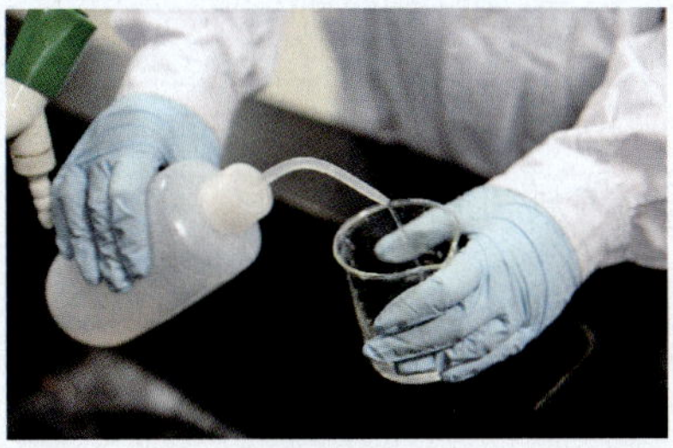	（6）用蒸馏水淋洗	仪器内、外壁应不挂水珠

【考核评价】

素质	内容 学习目标	评价项目	评价 自我评价30%	 小组评价30%	 教师评价40%
知识20分	应知应会	1. 认识化学实验常用器皿 2. 了解常用器皿的规格、性能、用途 3. 熟悉实验室常用的洗涤剂及使用方法 4. 掌握常见玻璃仪器的洗涤、干燥及保管方法			
专业能力60分	准备工作10分	仪器、辅助用品准备充分			
	洗涤方法10分	正确选择洗涤剂			
	洗涤效果20分	洗净玻璃仪器至器壁不挂水珠			
	操作规范10分	1. 操作流程熟练 2. 操作规范			
	遵守安全、卫生要求10分	1. 具有安全防护意识 2. 卫生规范			
通用能力10分	语言能力	专业术语表达准确			
	合作能力	与同学互相配合，团结互助			
	解决问题能力	及时发现问题、解决问题			
态度10分	工作态度	认真、细致、诚实			
总分					
平均分					

【思考与练习】

一、思考题

1．玻璃仪器分为哪几类？哪一类不能加热？

2．洗涤玻璃仪器的一般步骤是什么？常用的洗涤剂有哪几种？

3．玻璃仪器洗干净的标志是什么？

4．洗干净的玻璃仪器用纸或干布擦拭可以吗？为什么？

二、实训题

1．结合本任务学习内容，参观实验室。了解实验室的基本布局和实验室管理规范。初步掌握实验室的主要设施。

2．根据玻璃仪器洗涤步骤，将烧杯、锥形瓶、量筒洗涤干净。

任务 2　吸量管的使用

【学习目标】

1. 掌握吸量管的分类和用途。
2. 能正确使用吸量管。

【任务引入】

实验室现在需完成下列两项任务：

1．准确移取 10.00 mL 样液至锥形瓶中。

2．准确移取 9.00 mL 样液至锥形瓶中。

请选取相应仪器，并按步骤移取样液。

【任务分析】

若需准确移取一定体积的溶液，应使用吸量管来完成。在具体实验操作中，要根据所移溶液的体积和要求选择不同的吸量管。其中第一项任务中，用规格为 10 mL 的单标线吸量管来完成；第二项任务中，没有规格为 9 mL 的单标线吸量管，因此用规格为 10 mL 的分度吸量管来完成。

【相关知识】

一、吸量管的种类

吸量管是用来准确移取一定体积液体的玻璃量器，为量出式（Ex）计量玻璃仪器，包括单标线吸量管和分度吸量管两类。吸量管数据记录到小数点后两位。如用 10 mL 吸量管吸取一整管溶液，则最后记录为 10.00 mL。

1. 单标线吸量管

单标线吸量管又称移液管，如图 1—2—1 所示，是一种用来准确移取一定体积液体的量出式玻璃量器，它的中间有一膨大部分，管颈上部刻着一圈标线，标有“Ex”符号，此标线是表示在 20℃温度下流出的体积。所有大的吸量管都由吸管、储液泡和流液管组成。单标线吸量管必须符合国家标准《实验室玻璃仪器　单标线吸量管》（GB 12808—1991）的要求。

2. 分度吸量管

分度吸量管（见图 1—2—2）是具有分度线的玻璃管，用于准确移取所需不同体积的液体，它可以量取从上起点线排放到该分度线时所流出的溶液的体积，其准确度不如单标线吸量管。分度吸量管又分为不完全流出式吸量管、完全流出式吸量管、规定等待时间 15 s 的吸量管和吹出式吸量管。分度吸量管必须符合国家标准《实验室玻璃仪器　分度吸量管》（GB 12807—1991）的要求。

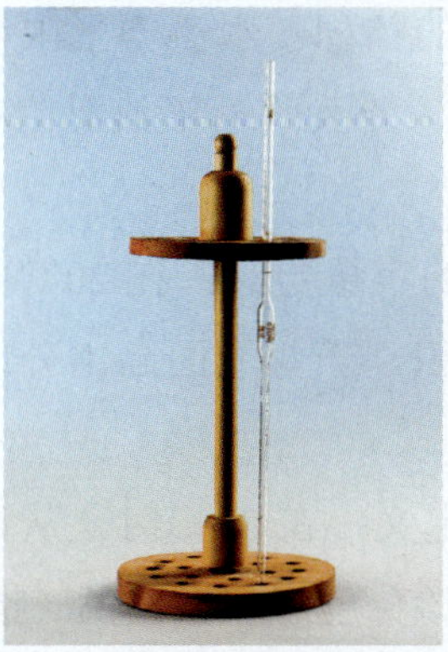

图 1—2—1　单标线吸量管

图 1—2—2　分度吸量管

当量取整数体积的溶液时，常用相应大小的单标线吸量管而不是分度吸量管；用分度吸量管时，同一实验应尽量用同一吸量管的同一部位完成。

二、吸量管相关技术要求

吸量管按准确度等级分为A级和B级，A级为较高级，B级为较低级。容量单位应是立方厘米（cm^3），也可以用毫升（mL）表示。

1. 容量定义

（1）单标线吸量管容量定义。单标线吸量管容量定义：在20℃时吸量管按下述方式排空而流出的20℃水的体积，以毫升（mL）表示。

把垂直放置的吸量管充水到高出刻度线几毫米，应除去黏附于流液口的液滴，然后用下述方法把下降的弯液面调定到刻度线，调定弯液面时，应使弯液面的最低点与刻度线上边缘的水平面相切，视线应与刻度线上边缘在同一水平面上。将玻璃容器表面与吸量管口端接触，以除去黏附于吸量管口端的液滴。仍垂直拿着吸量管，然后将水排入另一稍微倾斜的容器中，在整个排放和等待过程中，流液口尖端和容器内壁接触保持不动。吸量管放液应使弯液面到达流液口处静止。为保证液体完全流出，将吸量管从接收容器移走以前，在对等待时间无规定的情况下，应遵守近似3 s的等待时间。在规定等待时间的情况下，吸量管从容器中移开前应遵守等待时间的规定。

（2）分度吸量管容量定义。不完全流出式吸量管任意一分度线相应的容量定义：在20℃时，从零线排放到该分度线时所流出的、以毫升表示的20℃水的体积。

完全流出式吸量管任意一分度线相应的容量定义：在20℃时，从分度线到流液口时所流出的、以毫升表示的20℃水的体积。液体自由流下，直至确定弯液面已到流液口静止后，再将吸量管脱离接收容器（指零点在下）。或者从零线排放到该分度线或排放到吸量管流液口的总容量，以毫升表示的20℃水的体积。水流不受限制地流下，直至分度线上的弯液面最后调定为止，在最后调定之前，不允许有液滴黏附在管壁上（指零点在上）。

规定等待时间15 s的吸量管任意一分度线相应的容量定义：在20℃时，从零线排放到该分度线所流出的、以毫升表示的20℃水的体积。当弯液面高出分度线几毫米时水流被截住，等待15 s后，调至该分度线。

吹出式分度吸量管的任意一分度线相应的容量定义：在20℃时，从该分度线排放到流液口所流出的（指零点在下），或从零线排放到该分度线所流出的（指零点在上）、以毫升表示的20℃水的体积。水流应不受限制直到确定弯液面已到达并停留在流液口为止，但整个排水时应将最后一滴液滴吹出。

2. 规格

单标线吸量管常用规格为1 mL、2 mL、3 mL、5 mL、10 mL、15 mL、20 mL、

25 mL、50 mL 和 100 mL。分度吸量管的规格见表 1—2—1。

表 1—2—1 分度吸量管的规格

型式	级别	规格（mL）
不完全流出式吸量管	A 级	1、2、5、10、25、50
	B 级	0.1、0.2、0.25、0.5、1、2、5、10、25、50
完全流出式吸量管	A、B 级	1、2、5、10、25、50
规定等待时间 15 s 的吸量管	A 级	0.5、1、2、5、10、25、50
吹出式吸量管		0.1、0.2、0.25、0.5、1、2、5、10

3. 吸量管上应有的标志

（1）单标线吸量管应有的标志

1）标称容量：如 5、10、25 等。

2）容量单位符号：cm^3 或 mL。

3）标准温度：20℃。

4）量出式符号：Ex。

5）精度级别符号："A"或"B"。

6）生产厂名或注册商标。

（2）分度吸量管应有的标志

1）生产厂商标。

2）标准温度：20℃。

3）标称容量数字及容量单位：mL。

4）级别符号："A"或"B"。

5）吹出式符号："吹"或"blow-out"。

6）如果规定有等待时间，应标上"15 s"。

【任务实施】

一、准确移取 10.00 mL 样液至锥形瓶中

1. 实验准备

（1）仪器。10 mL 单标线吸量管、洗耳球、小烧杯、锥形瓶。

（2）试剂。铬酸洗液。

2. 操作步骤

（1）检查吸量管。

配图	操作步骤	操作说明
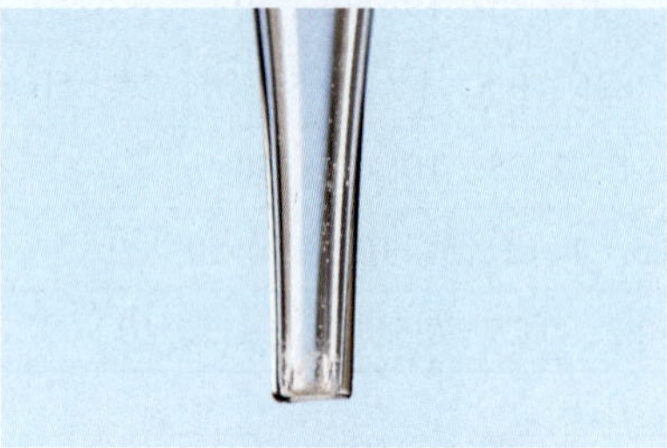	（1）检查流液口	流液口的结构应牢固，呈平滑而渐缩的锥形，孔口无突然收缩，流液口无破损
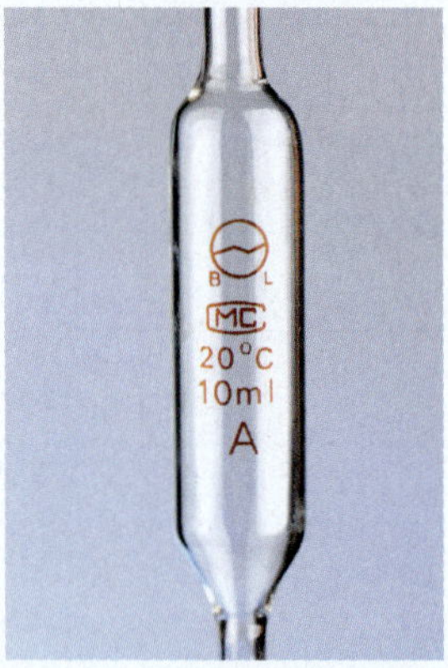	（2）检查储液泡。检查是否有商标、标准温度、标称容量数字及单位、吸量管级别及规定等待时间	储液泡应呈圆柱形，按需要可以是椭圆形的。泡的两端应圆滑地与吸管和流液管相接，接口为锥形，以利于放水
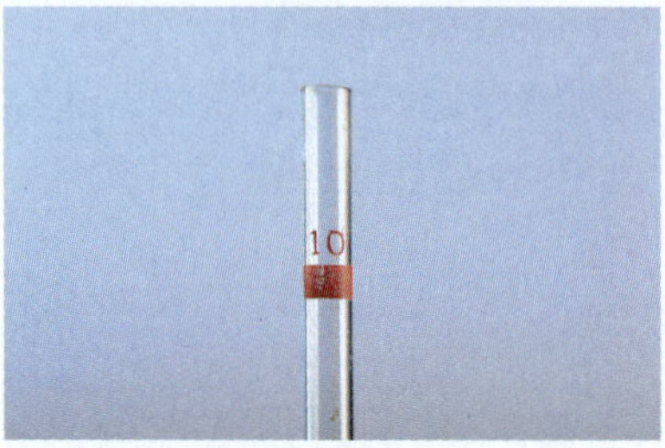	（3）检查顶部	吸量管顶部应平整、光滑，不得有影响用手指精确调定弯液面的缺陷

（2）洗涤吸量管。

配图	操作步骤	操作说明
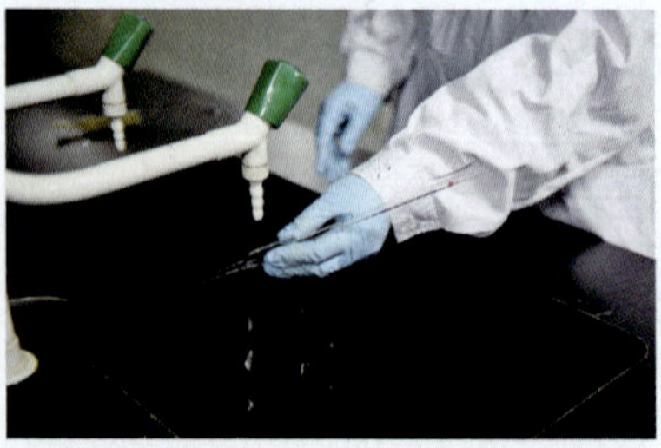	（1）用水洗	若吸量管不太脏时，用自来水冲洗干净，再用少量蒸馏水润洗 3 次

续表

配图	操作步骤	操作说明
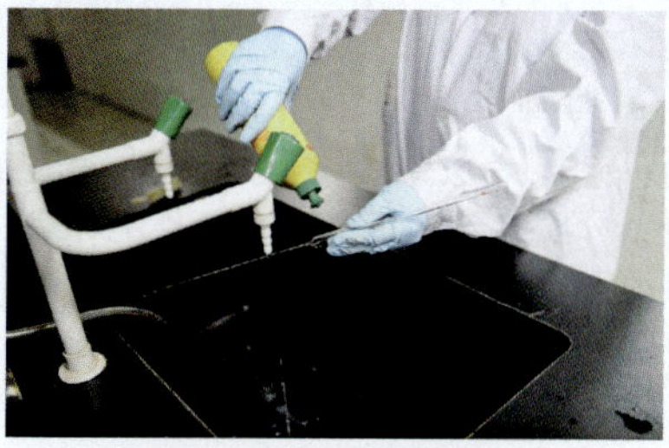	（2）用洗涤剂洗涤	用水洗不干净时可用洗涤剂洗涤，再用自来水洗涤至不挂水珠，并用蒸馏水淋洗 3 次以上
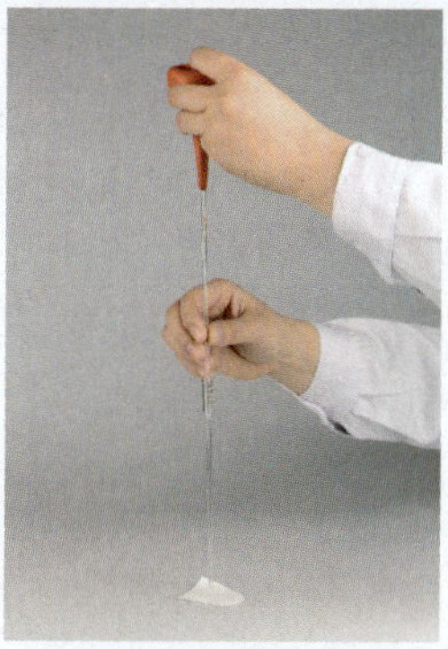	（3）用洗液洗涤 1）将管尖贴在滤纸上，用洗耳球吹去残留在管内的水	若用上述方法已洗至不挂水珠，此步骤可省略
	2）将吸量管下端插入铬酸洗液中。用右手拇指及中指拿住管颈刻度线以上的地方（无名指和小指依次靠拢中指），将吸量管管端插入铬酸洗液中	如果吸量管油垢比较严重，可用铬酸洗液浸泡
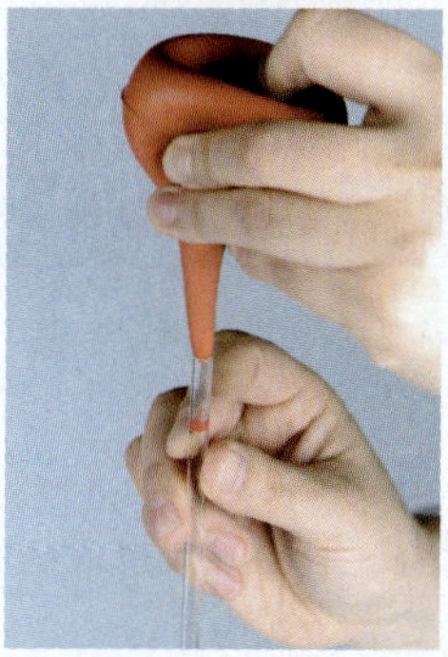	3）将排空气的洗耳球接到吸量管上管口，左手拿洗耳球，排出球内空气，将洗耳球尖口插入或紧接在吸量管上管口，注意不能漏气	

续表

配图	操作步骤	操作说明
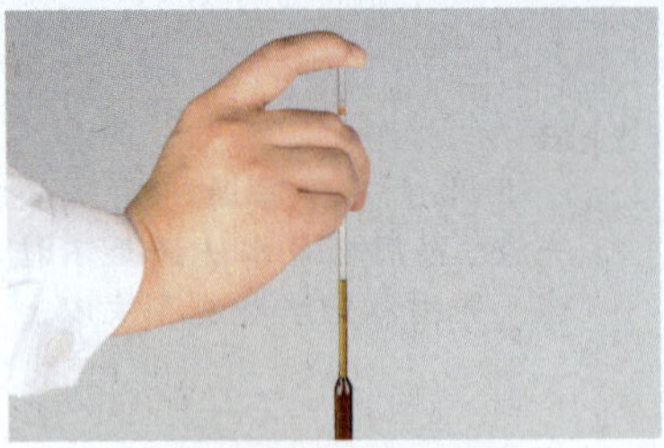	（4）移去洗耳球。慢慢松开左手手指，将洗涤液慢慢吸入管内，直至刻度线以上部分，移开洗耳球，迅速用右手食指堵住吸量管上口	在吸取少量液体时要留心不要吸入空气，以免污染洗耳球
	（5）取出吸量管。等待片刻后，将洗涤液倒出	铬酸洗液可重复使用，失效时的颜色为绿色
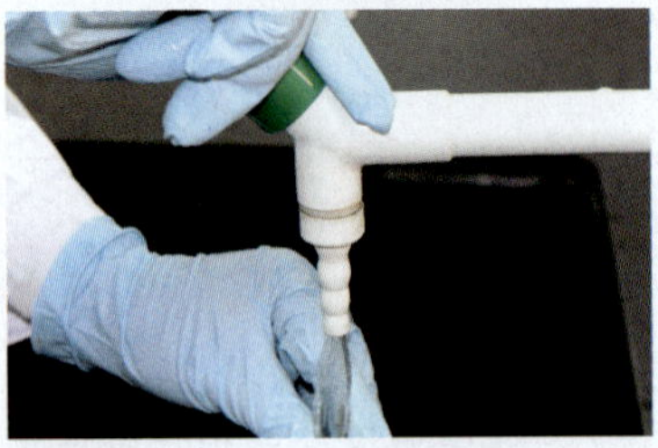	（6）用自来水冲洗。用自来水冲洗吸量管的内、外壁至不挂水珠	此时吸量管内、外壁应不挂水珠
	（7）用蒸馏水洗涤。用蒸馏水洗涤3次，直至内壁不挂水珠，置于干净的吸量管架上备用	此时吸量管内、外壁应不挂水珠

（3）吸取溶液。

配图	操作步骤	操作说明
	（1）润洗吸量管 1）用滤纸将清洗过的吸量管尖端内外的水分吸干	润洗吸量管，以置换内壁的水分，确保移取溶液的浓度不变

续表

配图	操作步骤	操作说明
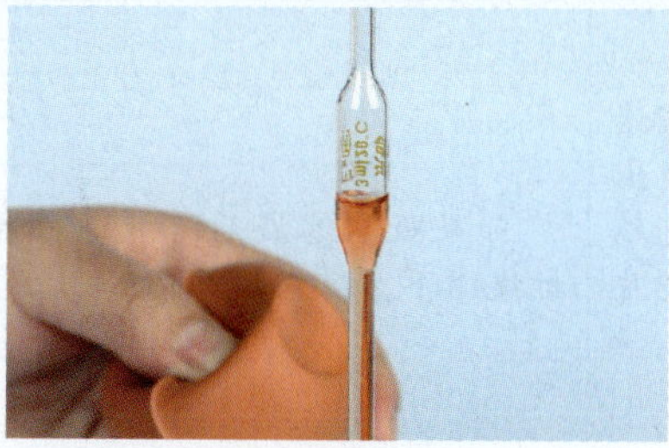	2）吸取待吸溶液至吸量管容量的 1/3	吸量管不能取太热或太冷的溶液，同一实验中应尽量使用同一支吸量管
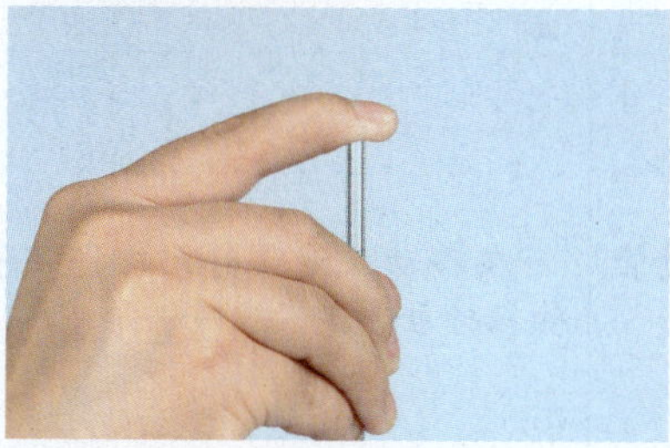	3）立即用右手食指按住管口，取出	尽量勿使溶液回流，以免稀释
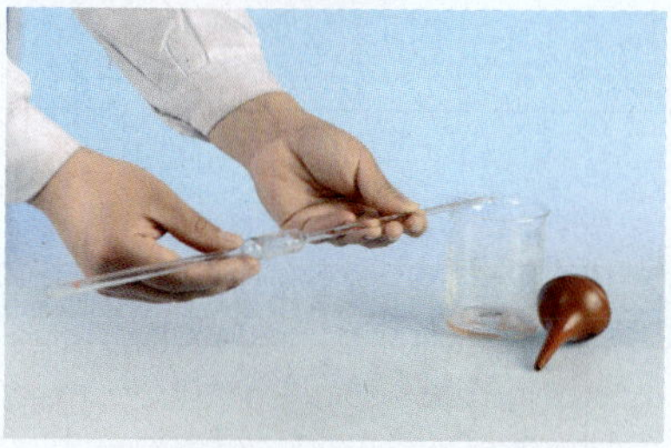	4）用两手的拇指及食指分别拿住吸量管两端，横持并转动吸量管，使溶液流遍全管内壁	手勿碰到移液管下端的溶液
	5）将溶液从下端尖口处排入废液杯内。如此操作，润洗 3 ~ 4 次后即可吸取溶液	吸出的溶液不能流回原瓶，以免稀释溶液
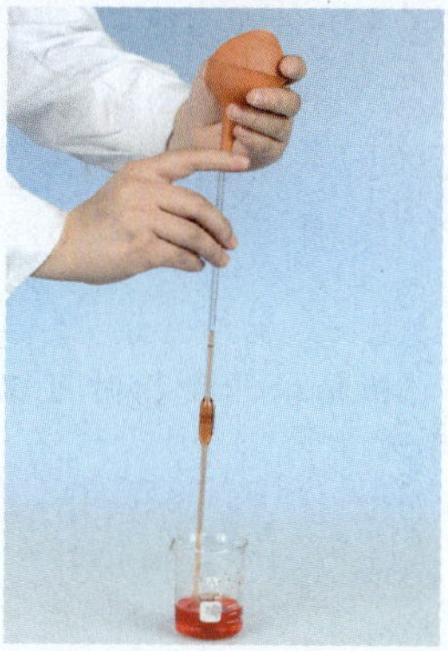	（2）吸取溶液 1）将用待测溶液润洗过的吸量管插入待吸液面下 1 ~ 2 cm 处，用洗耳球按上述操作方法吸取溶液。至管内液面上升至标线以上 1 ~ 2 cm 时	不要插入太深，并要边吸边往下插入，始终保持在液面下 1 ~ 2 cm，以免外壁黏带溶液过多；也不要插入太浅，以免液面下降时吸入空气

续表

配图	操作步骤	操作说明
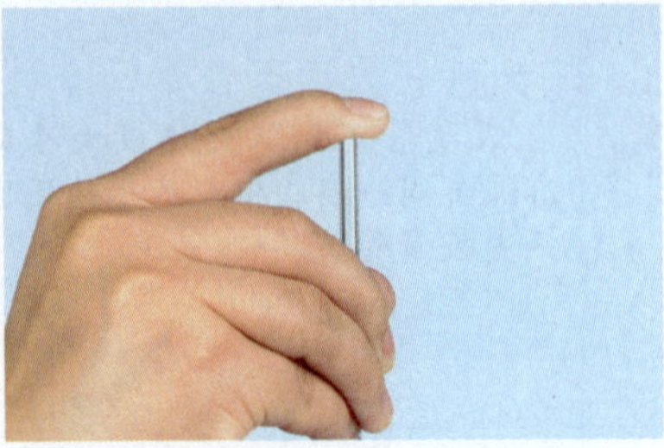	2）迅速用右手食指堵住管口，将吸量管提出待吸液面，并使管尖端接触待吸液容器内壁片刻后提起	如果吸取溶液后溶液下落至标线以下，应重新吸取
	3）用滤纸擦干吸量管下端黏带的少量溶液	在移动吸量管时，应将吸量管保持垂直，不能倾斜

（4）调节液面。

配图	操作步骤	操作说明
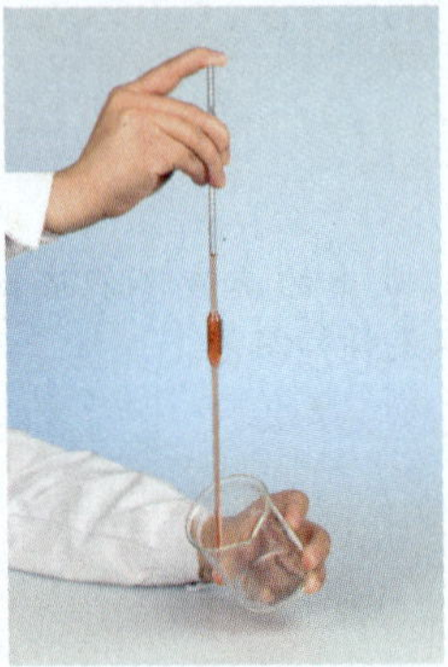	（1）将吸量管管尖紧靠烧杯内壁，左手拿烧杯并使其倾斜30°，使吸量管保持垂直，刻度线和视线保持水平	
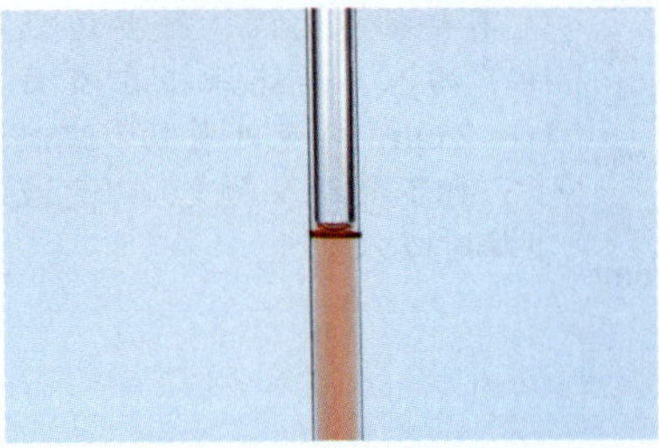	（2）稍稍松开右手食指，使管内溶液缓慢流出，液面平稳下降，至溶液弯液面最低处与刻度线相切为止	稍稍松开食指时可以微微转动吸量管

续表

配图	操作步骤	操作说明
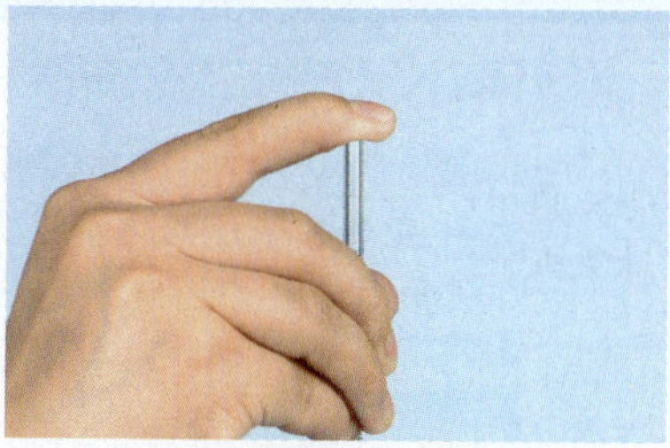	（3）立即用食指压紧管口，将尖口处紧靠烧杯内壁，向烧杯口移动少许，去掉尖口处的液滴	
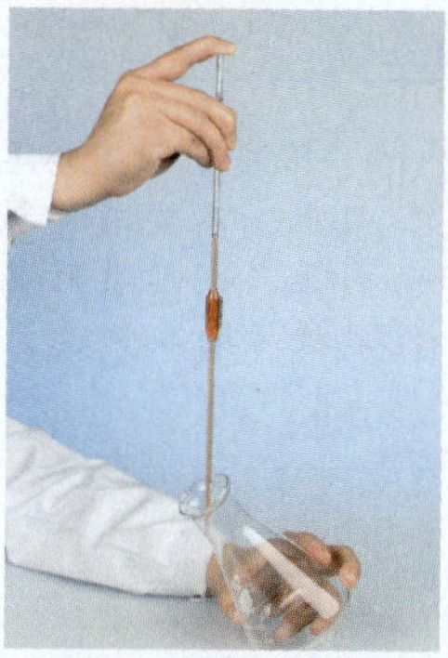	（4）按紧食指，使溶液不再流出，将吸量管小心移至接溶液的容器中	用于盛放待吸溶液的接收器一定要事先清洗干净并干燥

（5）放出溶液。

配图	操作步骤	操作说明
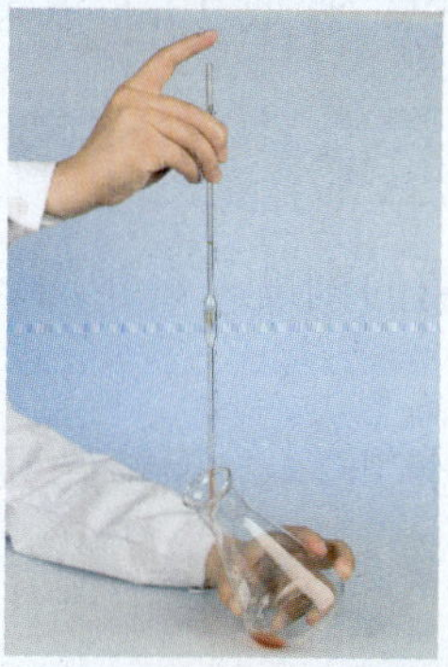	（1）放出溶液。将吸量管直立，接收器倾斜30°，管下端紧靠接收器内壁，松开食指，使溶液自由地沿内壁流下	使用分度吸量管时，为了减小测量误差，每次都应从最上面刻度处为起始点，往下放出所需体积的溶液
	（2）彻底放液。管内溶液流完后，保持放液状态停留 15 s，将吸量管尖端靠在接收器内壁上并前后小距离滑动几下（或将吸量管尖端靠接收器内壁旋转一周），移走吸量管	残留在管尖内壁处的少量溶液不可强行用外力使其流出，因校准吸量管时已考虑了尖端内壁处保留溶液的体积。除在管身上标有“吹”字的，可用洗耳球吹出，不允许保留

（6）清洗放置。

配图	操作步骤	操作说明
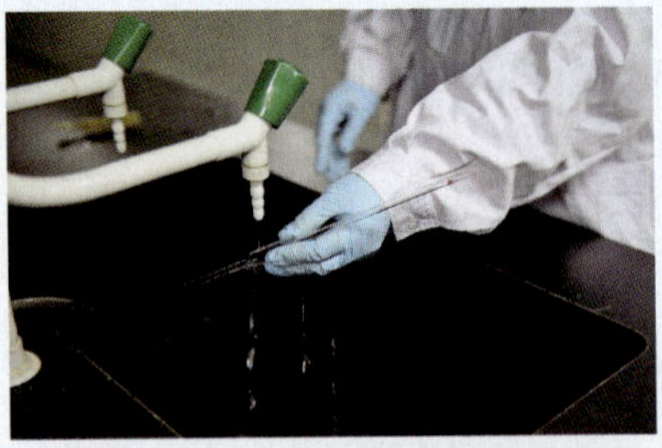	（1）清洗吸量管。用洗涤吸量管的步骤清洗吸量管	吸量管清洗后不能放入烘箱中烘干
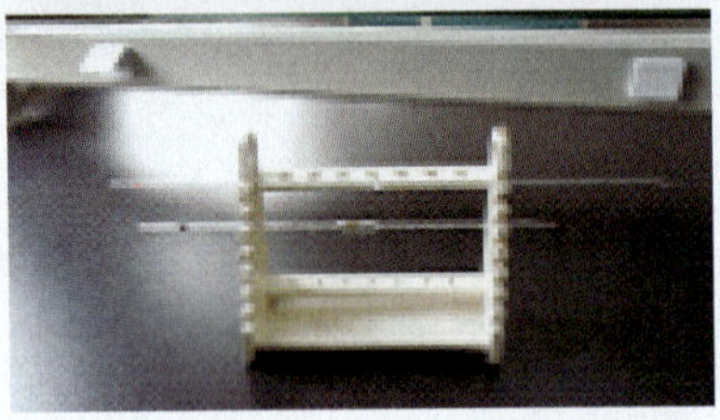	（2）放置吸量管。将清洗干净的吸量管置于干净的吸量管架上备用	移液管用完后要放在管架上，不要随便放在实验台上，尤其要防止管颈下端被污染

二、准确移取 9.00 mL 样液至锥形瓶中

分度吸量管的使用方法与单标线吸量管大致相同，可参照上述内容完成任务，这里不再特别说明，只强调以下几点：

1. 由于分度吸量管的容量精度低于单标线吸量管，所以，移取 2 mL 以上的固定量溶液时应尽可能使用单标线吸量管。

2. 使用分度吸量管时，应尽量在最高刻度处调整零点。

3. 用分度吸量管放出溶液时，为了使液面缓慢降到所需的刻度，食指应一直轻轻按住管口，绝不能抬起。

4. 分度吸量管的种类较多，要根据所做实验的具体情况，合理地选用分度吸量管。

【考核评价】

素质	内容	评价项目	评价		
	学习目标		自我评价 30%	小组评价 30%	教师评价 40%
知识 20 分	应知应会	1. 吸量管的分类 2. 吸量管的有关技术要求 3. 掌握吸量管的使用要点			

续表

素质	内容 学习目标	评价项目	评价 自我评价30%	小组评价30%	教师评价40%
专业能力60分	准备工作10分	仪器、辅助用品准备充分			
	仪器使用30分	熟练使用吸量管			
	操作规范10分	1. 操作流程熟练 2. 操作规范			
	遵守安全、卫生要求10分	1. 具有安全防护意识 2. 卫生规范			
通用能力10分	语言能力	专业术语表达准确			
	合作能力	与同学互相配合，团结互助			
	解决问题能力	及时发现问题、解决问题			
态度10分	工作态度	认真、细致、诚实			
总分					
平均分					

【思考与练习】

一、思考题

1．吸量管的用途是什么？

2．在移液之前为什么要用待吸液润洗吸量管内壁 3 ~ 4 次？

3．放液时吸量管是否应垂直？接收器是否应倾斜？放液完毕是否停留 15 s？

二、实训题

1．将吸量管依次用自来水、洗涤剂或铬酸洗液、自来水洗涤至不挂水珠并用蒸馏水润洗 3 次以上。

2．分别用 1 mL、2 mL、5 mL、25 mL 吸量管移取蒸馏水，练习移液操作。

3．用 10 mL 分度吸量管移取 9 mL 蒸馏水。

提示：用 10 mL 分度吸量管吸取 10 mL 蒸馏水，放出 9 mL 蒸馏水。

任务 3　容量瓶的使用

【学习目标】

1. 掌握容量瓶的分类、规格和用途。
2. 能正确使用容量瓶。

【任务引入】

在食品检测中，经常需要配制浓度准确的溶液。实验室现需配制一种浓度准确的溶液，试选取相应仪器，并按步骤进行操作。

【任务分析】

为配制浓度准确的溶液，或者定量地稀释溶液，需要一种玻璃仪器——容量瓶，如图 1—3—1 所示。容量瓶是配制一定浓度溶液的重要工具，是检验工作人员必须学会使用的基本仪器之一，容量瓶必须符合 GB/T 12806—2011《实验室玻璃仪器　单标线容量瓶》的要求。在具体实验操作中，要根据所移溶液的体积和要求选择规格合适的容量瓶。

图 1—3—1　容量瓶

【相关知识】

一、容量瓶的用途和选择

容量瓶是一种细颈梨形平底玻璃瓶，由无色或棕色玻璃制成，带有标线与瓶口相配合的磨口玻璃塞或塑料塞。颈上刻有一环形标线，标有量入式符号“In”，表示在所指温度下（一般为 20℃）液体凹液面与容量瓶颈部的标线相切时，瓶内液体的准确体积等于瓶上标示的体积。

容量瓶的主要用途是配制浓度准确的溶液或定量地稀释溶液。它常与吸量管配合使用，可把配成溶液的某种物质分成若干等份。

按所需体积选择规格合适的容量瓶，若配制见光易分解的物质的溶液，应选择棕色容量瓶，配制一般性物质的溶液则选择无色容量瓶。

二、容量瓶相关技术要求

容量瓶按准确度等级分为 A 级和 B 级，A 级为较高级，B 级为较低级。容量单位应是立方厘米（cm^3），也可以用毫升（mL）表示。容量瓶的规格分为 1 mL、2 mL、5 mL、10 mL、20 mL、25 mL、50 mL、100 mL、200 mL、250 mL、500 mL、1 000 mL、2 000 mL 和 5 000 mL。

1. 容量瓶容量的定义

在 20℃时，充满到刻度线所容纳的 20℃水的体积，以毫升表示。

2. 调定弯液面

弯液面是指待测容量的液体与空气之间的界面。通常用下述方法调定弯液面：调节液面使刻度线上边缘与弯液面的最低点水平相切，视线应在同一水平面。

3. 容量瓶上的标志

（1）标称容量：如 25、50、100。

（2）容量单位符号：cm^3 或 mL。

（3）标准温度：20℃。

（4）量入式符号：In。

（5）准确度等级符号：“A”或“B”。

（6）生产厂名或商标。

（7）可互换性塞的尺寸及号别。

（8）非互换性塞、口编号。

4. 容量瓶的容量允差

国家计量检定规程《常用玻璃量器检定规程》（JJG 196—2006）中规定，容量瓶的容量允差见表 1—3—1。

表 1—3—1 容量瓶的容量允差

标称容量（mL）		10	25	50	100	200	250	500	1 000	2 000
容量允差（mL）	A	±0.020	±0.03	±0.05	±0.10	±0.15	±0.15	±0.25	±0.40	±0.60
	B	±0.040	±0.06	±0.10	±0.20	±0.30	±0.30	±0.50	±0.80	±1.20
分度线宽度（mm）		≤ 0.4								

【任务实施】

一、实验准备

1. 仪器

容量瓶、烧杯、玻璃棒。

2. 试剂

基准物质、铬酸洗液。

二、操作步骤

1. 试漏

配图	操作步骤	操作说明
	（1）加水至刻度线，盖好瓶塞后，用滤纸擦干瓶口	在使用中，不可将扁头的玻璃磨口塞放在桌面上，以免污染和搞错
	（2）一只手用食指按住塞子，其余手指拿住瓶颈标线以上部分，另一只手用指尖托住瓶底边缘，倒立 2 min 以后正置	
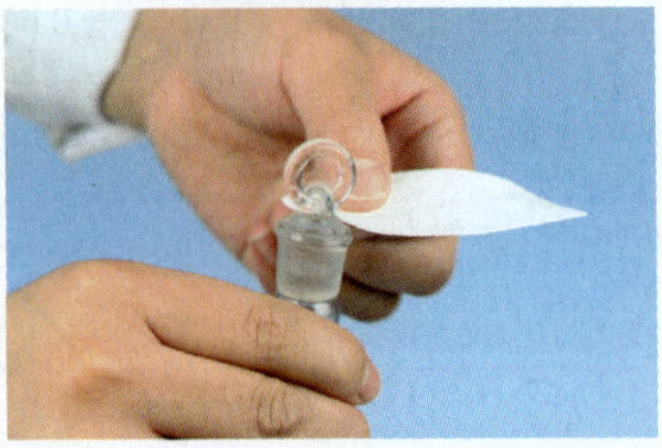	（3）用干滤纸片沿瓶口缝处检查是否漏水	

续表

配图	操作步骤	操作说明
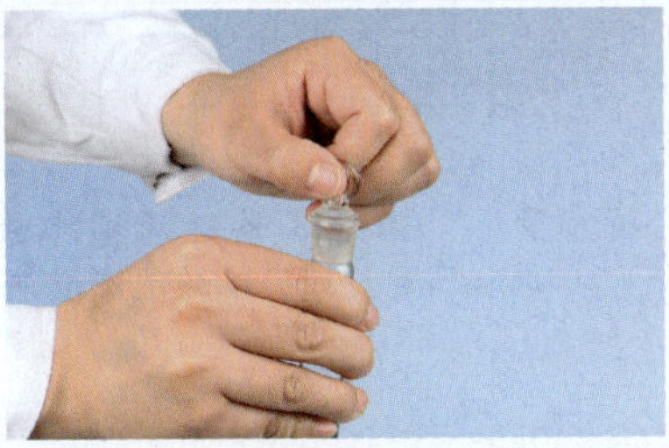	（4）如不漏水，将瓶直立，将瓶塞旋转 180° 后，再倒立 2 min 后检查。如不漏水，方可使用	操作时，瓶塞系在瓶颈上，尽量不要碰到瓶颈，操作结束后立即将瓶塞盖好
	（5）检查合格后用橡皮筋或塑料绳将瓶塞和瓶颈上端拴在一起，以防摔碎或与其他瓶塞混淆	为了使瓶塞不丢失、不混乱、不跌碎，常用塑料绳或橡皮筋把它系在瓶颈上

2. 洗涤

配图	操作步骤	操作说明
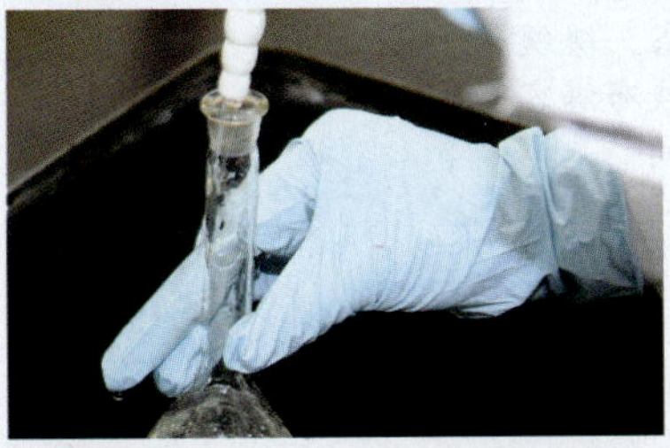	（1）若容量瓶不太脏，用自来水冲洗干净	
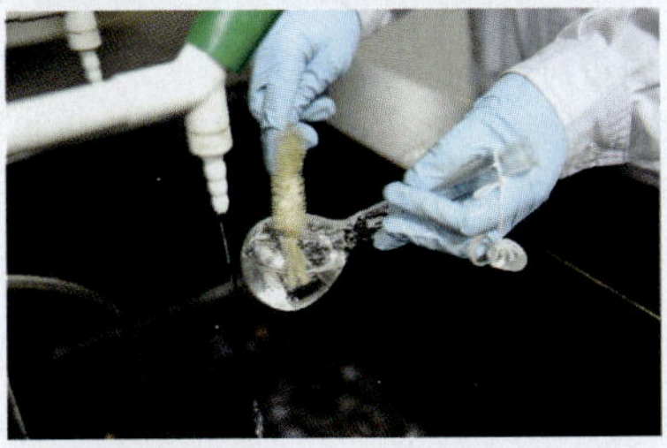	（2）若外壁不干净，则可用毛刷蘸上去污粉等洗涤剂洗涤	内壁不能用刷子刷，以免划伤内壁，影响体积的准确测量
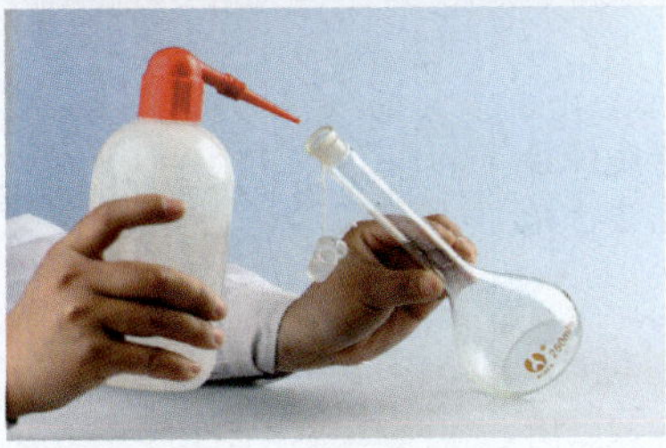	（3）再用少量蒸馏水润洗 3 次	

续表

配图	操作步骤	操作说明
	（4）若容量瓶较脏，将容量瓶中的残留水倒净	如果容量瓶油垢比较严重，可用铬酸洗液浸泡
	（5）再倒入容量瓶容积 1/10 左右的铬酸洗液	
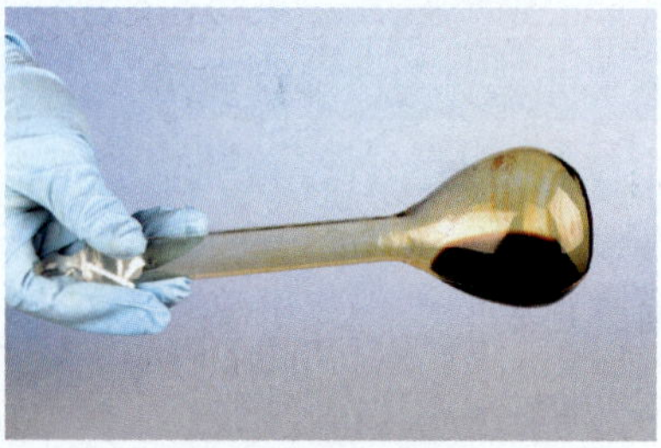	（6）盖上容量瓶瓶塞，缓缓摇动并颠倒数次，让洗液布满容量瓶内壁，浸泡一段时间	
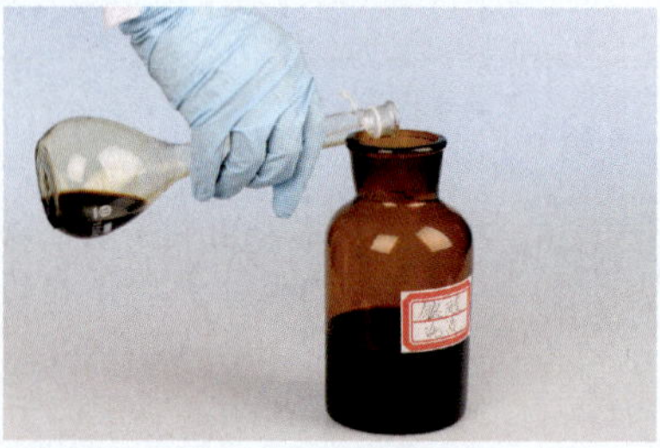	（7）将洗液倒出缸，倒出时，边转动容量瓶边倒出洗液。让洗液布满瓶颈，同时用洗液冲洗瓶塞	铬酸洗液可重复使用，失效时的颜色为绿色
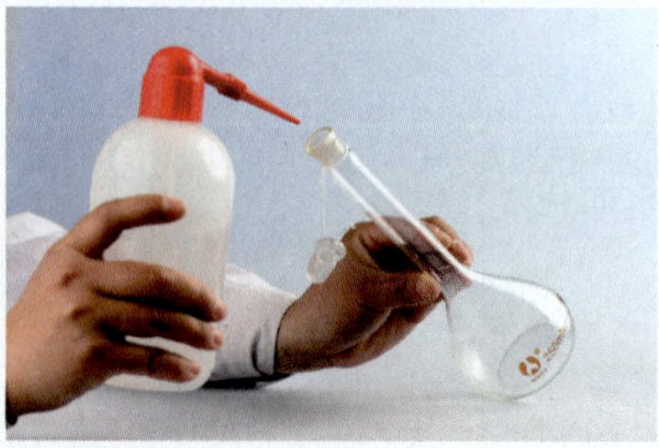	（8）用自来水将容量瓶冲洗干净，再用蒸馏水润洗 2~3 次备用	洗至内、外壁不挂水珠为止

3. 配制溶液

配图	操作步骤	操作说明
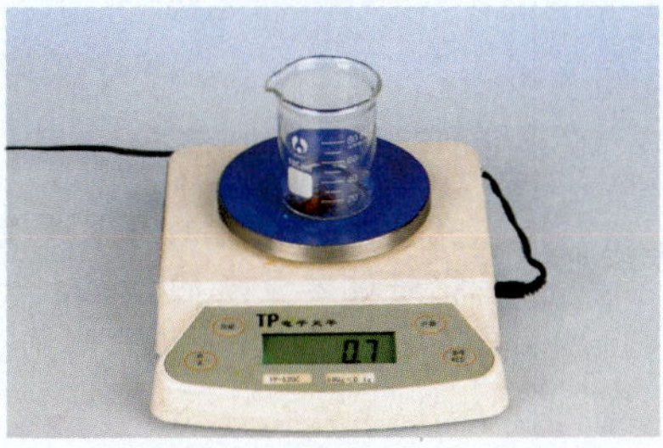	（1）称量。溶质为固体时在天平上称出所需质量的试剂	溶质为液体时用吸量管移取所需体积的溶液放入容量瓶
	（2）溶解。加少量蒸馏水溶解，用玻璃棒缓慢搅拌，加速溶解	1）不能在容量瓶里进行溶质的溶解，应将溶质在烧杯中溶解后转移到容量瓶里 2）注意搅拌时玻璃棒不要与烧杯碰撞 3）容量瓶不能进行加热。如果溶质在溶解过程中放热，要待溶液冷却后再进行转移，因为温度升高瓶体将膨胀，所量体积不准确
	（3）转移。用玻璃棒引流，引流时将玻璃棒伸入容量瓶中，使其下端紧靠瓶颈内壁，上端不要碰瓶口，烧杯嘴紧靠玻璃棒，使溶液沿玻璃棒和内壁流入 溶液全部转移后，将玻璃棒稍向上提起，同时使烧杯直立，将玻璃棒放回原烧杯，以防止玻璃棒下端的溶液落至瓶外	向容量瓶注入液体时，应沿着细玻璃棒注入，以防注入时液体流出而损失
	（4）洗涤。 1）用蒸馏水冲洗烧杯内壁及玻璃棒 2~3 遍	注意将残留在烧杯及玻璃棒上的溶质全部转移至容量瓶中

续表

配图	操作步骤	操作说明
	2）将洗液按上述方法也转移合并到容量瓶中	用于洗涤烧杯的溶剂总量不能超过容量瓶的标线，一旦超过，必须重新进行配制
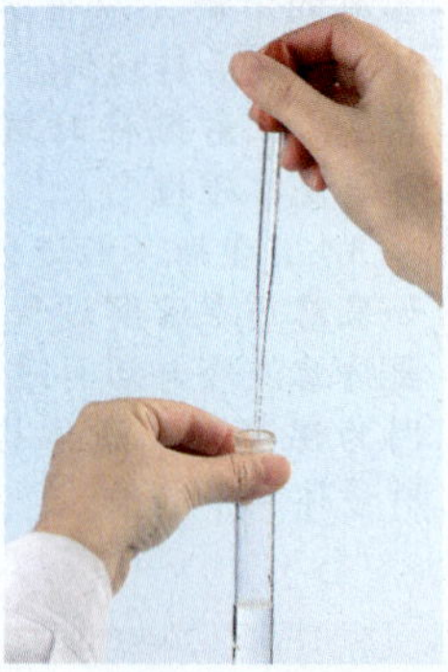	（5）定容。溶液转移入容量瓶后，加蒸馏水至容量瓶容积的3/4左右，将容量瓶水平方向旋摇几周（切勿倒转摇动），使溶液初步混匀，继续向容量瓶中加蒸馏水，到刻度线以下1 ~ 2 cm处，等待1~2 min，使黏附在瓶颈内壁的溶液流下，改用滴管逐滴加蒸馏水	小心操作，切勿超过刻度线
	（6）改用滴管逐滴加蒸馏水至弯液面与容量瓶标线相切	1）若溶液为无色或浅色，均应使弯液面的最低点与刻度线相切 2）若是深色溶液，则应使弯液面两侧最高点与刻度线相切
	（7）摇匀。塞好瓶塞，用左手食指摁住瓶塞，其余四指拿住瓶颈标线以上部分。右手指尖托住瓶底，将容量瓶倒转，使气泡上升到顶部，同时将容量瓶震荡数次，然后将容量瓶直立，让溶液完全流下，反复倒转（约10次），使溶液混合均匀	

续表

配图	操作步骤	操作说明
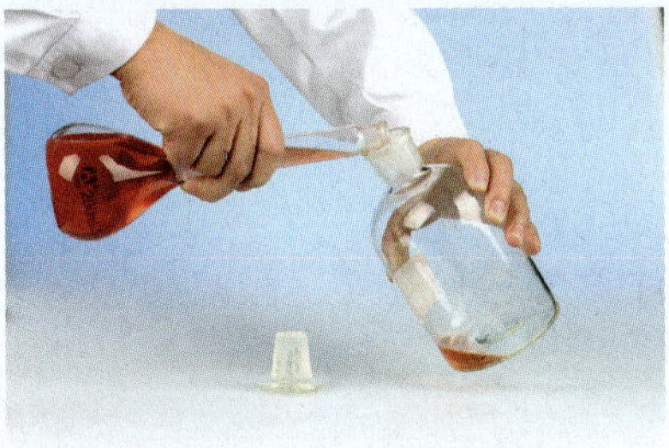	（8）装瓶并贴标签。将容量瓶放正，打开瓶塞，将溶液转入试剂瓶，贴好标签，注明溶液的名称和浓度	容量瓶中不能长期存放溶液，因此要把配制好的溶液转移到试剂瓶中
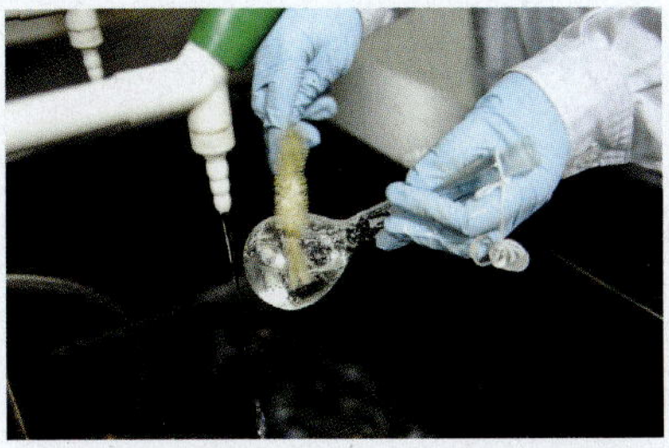	（9）容量瓶用毕应及时洗涤干净	如长期不用，需将磨口处洗净、擦干，并在塞子与瓶口之间垫上纸片，防止瓶塞与瓶口黏连

【考核评价】

素质	内容 学习目标	评价项目	评价 自我评价 30%	 小组评价 30%	 教师评价 40%
知识 20分	应知应会	1. 容量瓶的有关技术要求 2. 容量瓶的用途和选择			
专业能力 60分	准备工作 10分	仪器、辅助用品准备充分			
	仪器使用 30分	熟练使用容量瓶			
	操作规范 10分	1. 操作流程熟练 2. 操作规范			
	遵守安全、卫生要求 10分	1. 具有安全防护意识 2. 卫生规范			
通用能力 10分	语言能力	专业术语表达准确			
	合作能力	与同学互相配合，团结互助			
	解决问题能力	及时发现问题、解决问题			
态度 10分	工作态度	认真、细致、诚实			
总分					
平均分					

【思考与练习】

一、思考题

1. 容量瓶能测量任意体积的液体吗？为什么？

2. 容量瓶瓶口和瓶塞为什么要密封？

3. 在转移容量瓶中已知浓度的溶液至试剂瓶时应注意哪些问题？

二、实训题

1. 容量瓶的洗涤。

提示：依次用自来水、洗涤剂或铬酸洗液、自来水洗涤至不挂水珠并用蒸馏水润洗3次以上。

2. 用100 mL和250 mL容量瓶，加入蒸馏水刚好到刻度线。

3. 配制0.1 mol/L盐酸溶液1 000 mL。

提示：用吸量管移取9 mL盐酸至1 000 mL容量瓶中，定容。

4. 分别用1 mL、2 mL、5 mL、10 mL、25 mL的吸量管移取番红溶液至100 mL容量瓶，并定容。对比容量瓶中溶液的颜色。

任务4　滴定管的使用

【学习目标】

1. 认识滴定管的结构和规格。
2. 掌握滴定管的选择和用途。
3. 能使用滴定管进行滴定操作。

【任务引入】

实验室现有任务：用0.1 mol/L氢氧化钠把滴有酚酞指示剂的邻苯二甲酸氢钾溶液滴至红色；继续用0.1 mol/L盐酸溶液由红色滴至无色，并记录消耗的氢氧化钠和盐酸的体积。请选取相应仪器，并按步骤进行操作。

【任务分析】

完成上述工作需要一种玻璃仪器——滴定管，如图 1—4—1 和图 1—4—2 所示。滴定管是准确放出不确定量液体的容量仪器，是检验工作人员必须学会使用的基本仪器之一。滴定管必须符合国家标准《实验室玻璃仪器　滴定管》（GB/T 12805—2011）的要求。用氢氧化钠把滴有酚酞指示剂的邻苯二甲酸氢钾溶液滴至红色，用碱式滴定管（见图 1—4—1）来完成；继续用盐酸由红色滴至无色，用酸式滴定管（见图 1—4—2）来完成。

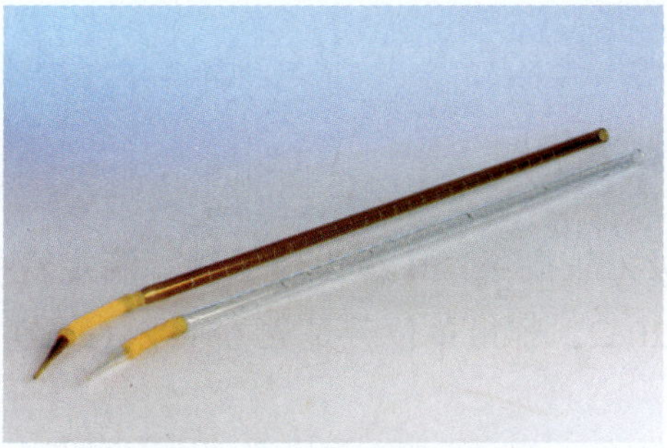

图 1—4—1　碱式滴定管

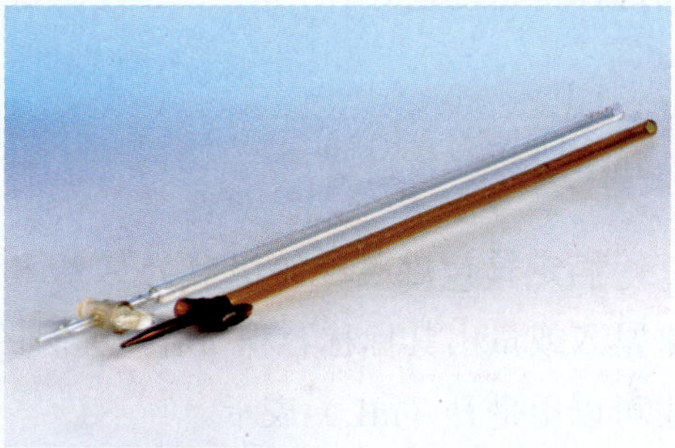

图 1—4—2　酸式滴定管

【相关知识】

一、滴定管的种类

滴定管是准确测量放出液体体积的仪器，主要用于滴定分析中对滴定剂体积的测量。为量出式（Ex）计量玻璃仪器。滴定管的全容量最小的为 1 mL，最大的为 100 mL，常用的是 10 mL、25 mL、50 mL 容量的滴定管。刻度的每一大格为 1 mL，每一大格又分为 10 小格，故每一小格为 0.1 mL。读数可估计到 0.01 mL，管中液面位置的读数可读到小数后两位，如 34.43 mL。

1. 按盛装溶液的性质分

按盛装溶液的性质不同，滴定管分为碱式滴定管和酸式滴定管。下端用橡胶管连接一支带有尖嘴的小玻璃管，橡胶管内装有一个玻璃珠的滴定管称为碱式滴定管，如图 1—4—1 所示，也称无塞滴定管。碱式滴定管用于装碱性和氧化性溶液。下端为一玻璃活塞的称为酸式滴定管，如图 1—4—2 所示，也称具塞滴定管。酸式滴定管用于装酸性、中性或氧化性溶液。

2. 按容积分

滴定管按容积可分为常量滴定管、半微量滴定管和微量滴定管。

3. 按构造分

滴定管按构造可分为普通滴定管和自动滴定管。

4. 按颜色分

滴定管按颜色可分为无色滴定管、棕色滴定管及带有“蓝带”的滴定管。棕色滴定管主要用于盛装一些见光容易分解的物质的溶液。

近年来，又制成了酸碱两用管，其旋塞是用聚四氟乙烯材料做成的，不用涂油且耐腐蚀，密封性也好。

二、滴定管相关技术要求

滴定管按准确度等级分为 A 级和 B 级，A 级为较高级，B 级为较低级。滴定管用来量入或量出其标称容积（容量）时的温度应为 20℃。容量单位应是立方厘米（cm^3），也可以用毫升（mL）表示。

1. 滴定管的流出时间

流出时间是指水的弯液面从零位线降到最低分度线所占的时间。流出时间应在旋塞全开及流液口不接触器具时测得。流出时间应符合表 1—4—1 的规定。

表 1—4—1　　滴定管的流出时间

标称容量（mL）		1	2	5	10	25	50	100
分度值（mL）		0.01		0.02	0.05	0.1	0.1	0.2
流出时间（s）	A	20 ~ 35		30 ~ 45		45 ~ 70	60 ~ 90	70 ~ 100
	B	15 ~ 35		20 ~ 45		35 ~ 70	50 ~ 90	60 ~ 100

2. 滴定管的容量允差

根据国家计量检定规程《常用玻璃量器检定规程》（JJG 196—2006）中的规定，滴定管的容量允差表示在标准温度 20℃时，滴定管的标称容量和零至任意分量以及任意两检定点之间的最大误差，应符合表 1—4—2 的规定。

表 1—4—2　　滴定管的容量允差

标称容量（mL）		1	2	5	10	25	50	100
分度值（mL）		0.01		0.02	0.05	0.1	0.1	0.2
容量允差（mL）	A	±0.010		±0.010	±0.025	±0.04	±0.05	±0.10
	B	±0.020		±0.020	±0.050	±0.08	±0.10	±0.20

3. 滴定管上应有的标志

滴定管必须标记有下列永久性标志：

（1）标称容量：如“50”。

（2）计量单位：mL。

（3）制造厂商标。

（4）标准温度：20℃。

（5）Ex 表示量出式。

（6）A 或 B 表示滴定管的准确度等级。

（7）非标准旋塞的旋塞芯、壳应分别标有易辨识的相同标志（标在旋塞芯柄和流液管上）。

前六个标记在滴定管零位分度线以上处。

【任务实施】

一、实验准备

1. 仪器

碱式滴定管、酸式滴定管、烧杯、锥形瓶、滴定管架。

2. 试剂

0.1 mol/L 氢氧化钠、0.1 mol/L 盐酸溶液、邻苯二甲酸氢钾溶液、酚酞指示剂、铬酸洗液。

二、用 0.1 mol/L 氢氧化钠把滴有酚酞的邻苯二甲酸氢钾溶液滴至红色

1. 连接碱式滴定管管尖和管身

配图	操作步骤	操作说明
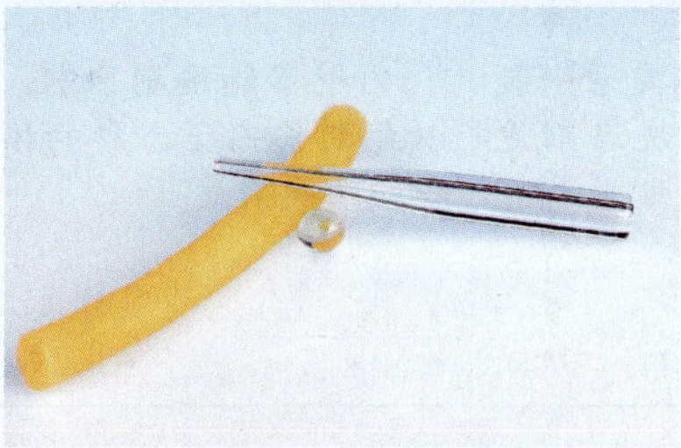	（1）准备好长度适中、管内径合适的橡胶管，直径合适、圆滑的玻璃珠，碱式滴定管尖嘴管	检查尖嘴有无破损

续表

配图	操作步骤	操作说明
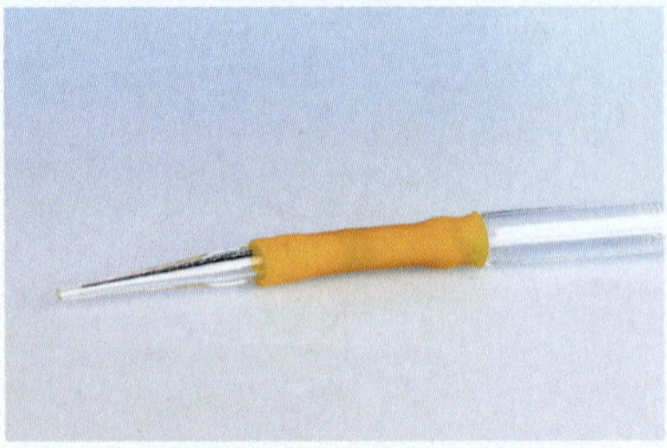	（2）将玻璃珠置于橡胶管中，连接碱式滴定管管尖和管身	同一分析工作应使用同一支滴定管

2. 碱式滴定管试漏

配图	操作步骤	操作说明
	（1）将碱式滴定管装满水，夹在滴定管架上静置 5 min。观察液面是否下降	滴定管必须固定在滴定管架上使用
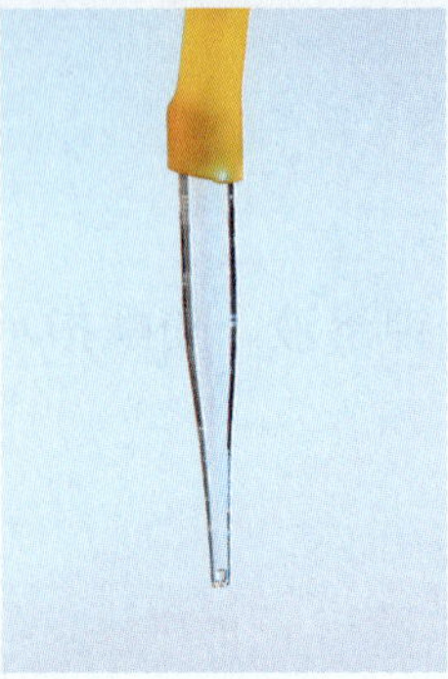	（2）观察管尖是否有水珠，管尖有水珠说明漏水，应更换橡胶管或管内玻璃珠，直至不漏水且能灵活控制液滴为止。若液面下降，也说明漏水，也应更换橡胶管或管内玻璃珠	1）滴定管使用之前必须严格检查，确保不漏 2）玻璃珠太小或不圆滑都可能漏水，太大则操作不方便

3. 洗涤

配图	操作步骤	操作说明
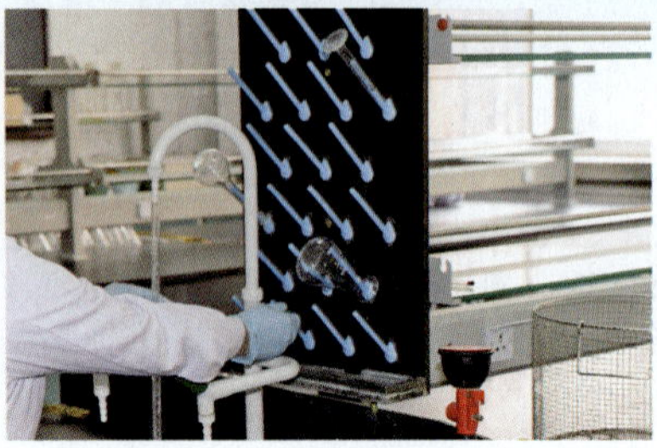	（1）无明显油污的滴定管一般先用自来水冲洗，或用洗涤剂泡洗。若管外壁不干净，可用毛刷蘸上去污粉等洗涤剂洗涤	内壁不能用刷子刷，以免划伤内壁，影响体积的准确测量

续表

配图	操作步骤	操作说明
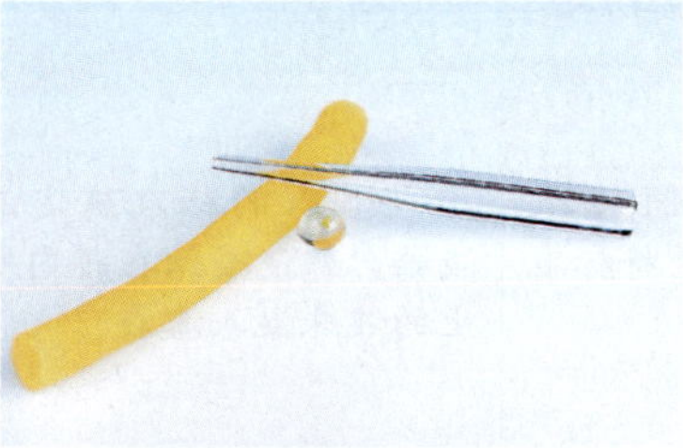	（2）若有油污不易洗净时，可用铬酸洗液洗涤，先去掉橡胶管，取出玻璃珠和尖嘴管	如果滴定管油垢比较严重，可用铬酸洗液浸泡。注意铬酸洗液不能直接接触胶管
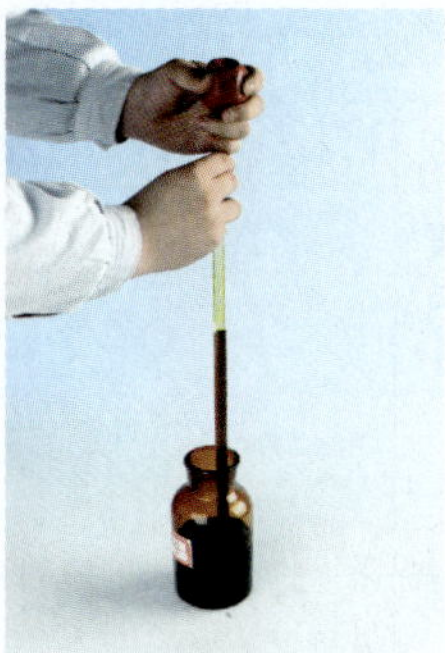	（3）将滴定管倒立于洗液中，用洗耳球吸取洗液充满全管数分钟	
	（4）再将洗液放出	铬酸洗液可重复使用，失效时的颜色为绿色
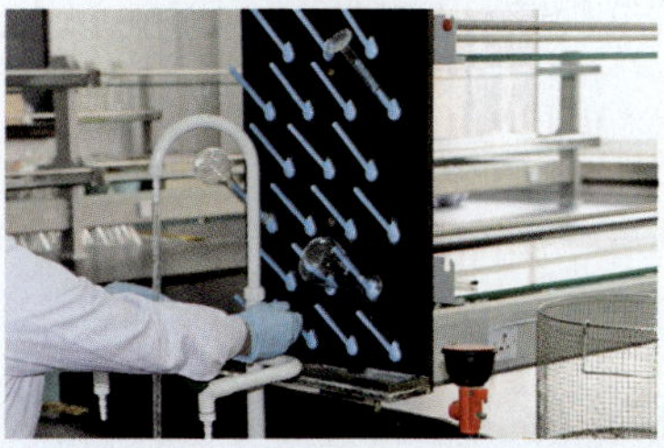	（5）用自来水冲洗干净，将玻璃珠、尖嘴管、橡胶管装好，再用自来水冲洗干净	洗净的滴定管内壁应不挂水珠，如挂水珠，应重新洗涤
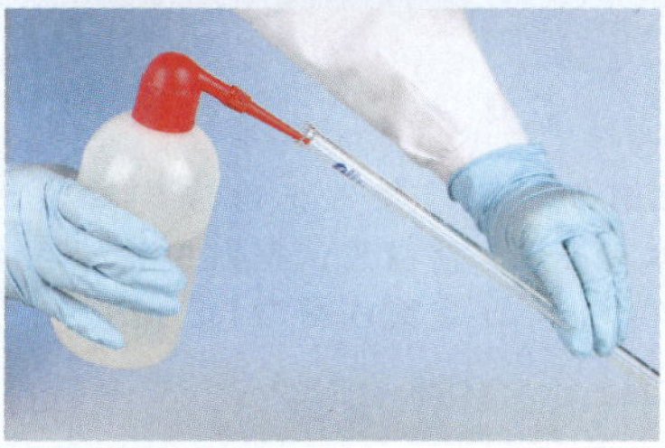	（6）再用蒸馏水淋洗 3 ~ 4 次	滴定管不能在烘箱中烘干或用电吹风吹干，以免改变其容积

4. 润洗

配图	操作步骤	操作说明
	（1）将待装的 0.1 mol/L 氢氧化钠标准滴定溶液摇匀，将标准滴定溶液装入滴定管	将装入的标准滴定溶液摇匀，使凝结在瓶内壁上的液珠混入溶液
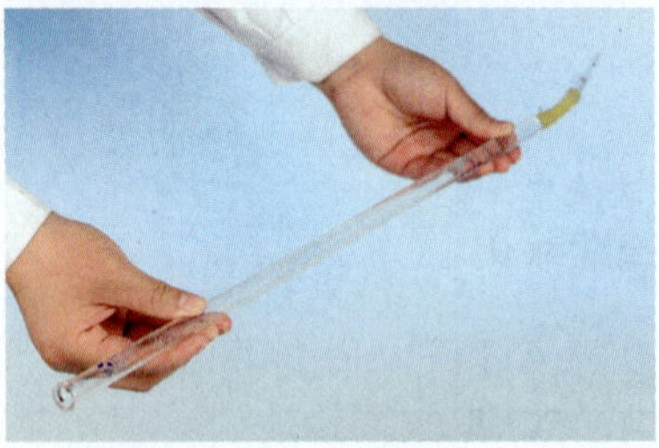	（2）两手平端滴定管同时慢慢转动，使标准溶液接触整个内壁	
	（3）使一部分溶液从滴定管下端流出	
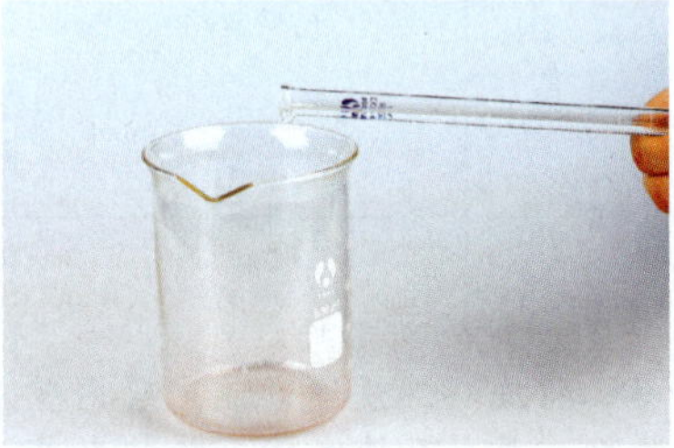	（4）使另一部分溶液从滴定管管口流出，重复用标准滴定溶液润洗 3 次以上	为了除去滴定管内残留的水分，确保标准溶液浓度不变，应先用标准滴定溶液润洗 3 次以上

5. 装溶液

配图	操作步骤	操作说明
	（1）装液时要将标准溶液摇匀，然后不借助任何器皿直接注入滴定管内	装入标准滴定溶液之前应将试剂瓶中的标准滴定溶液摇匀

续表

配图	操作步骤	操作说明
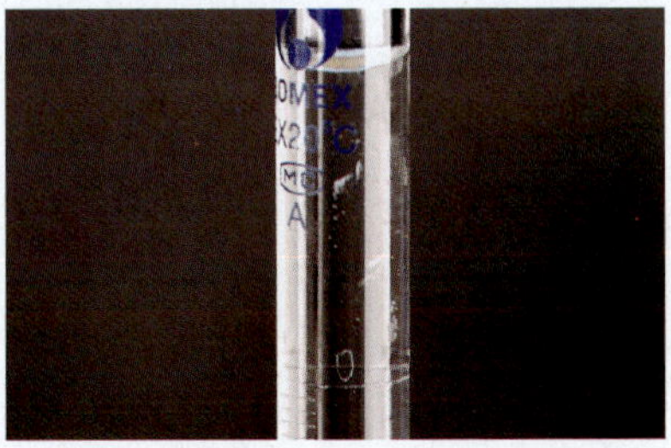	（2）将待装标准滴定溶液加入滴定管中到刻度“0”以上	将溶液加入滴定管时，要注意使下端出口管也充满溶液

6. 排气泡

配图	操作步骤	操作说明
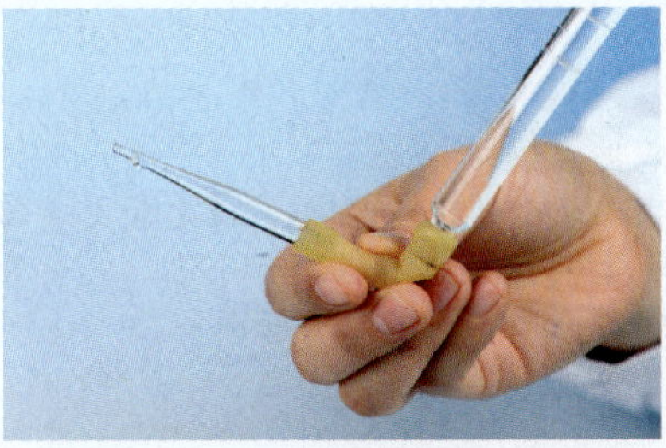	（1）用左手拇指和食指放在稍高于玻璃珠所在的部位，使橡胶管向上弯曲，出口上斜	滴定管内装入标准溶液后要检查尖嘴内是否有气泡。如有气泡，将影响溶液体积的准确测量
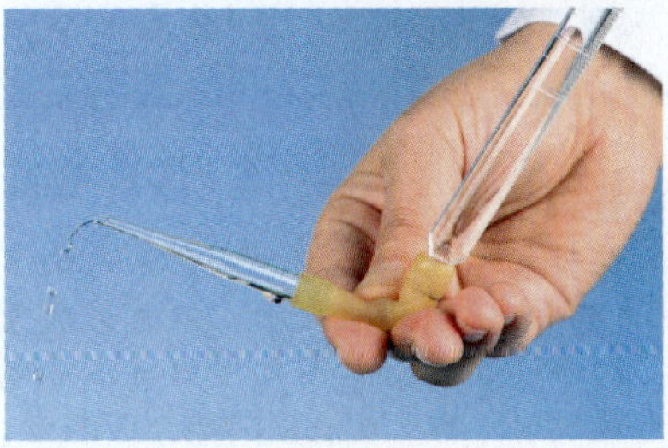	（2）往一旁轻轻挤捏橡胶管，使溶液从尖嘴快速喷出，气泡即可随之排掉，并使溶液充满出口管	应在橡胶管放直后再松开拇指和食指；否则，出口管仍会有气泡存在

7. 调零

配图	操作步骤	操作说明
	（1）排出气泡后，继续加入待装溶液至“0.00”刻度线以上	

续表

配图	操作步骤	操作说明
	（2）临滴定前，再把液面调节在0.00 mL刻度处备用	

8. 滴定

配图	操作步骤	操作说明
	（1）将滴定管垂直地夹在滴定管架上，装有邻苯二甲酸氢钾溶液的锥形瓶放在滴定管架瓷板上，使滴定管尖端距锥形瓶口3~5 cm	滴定前，滴定管尖嘴部分不能留有气泡，尖嘴外不能挂有液滴
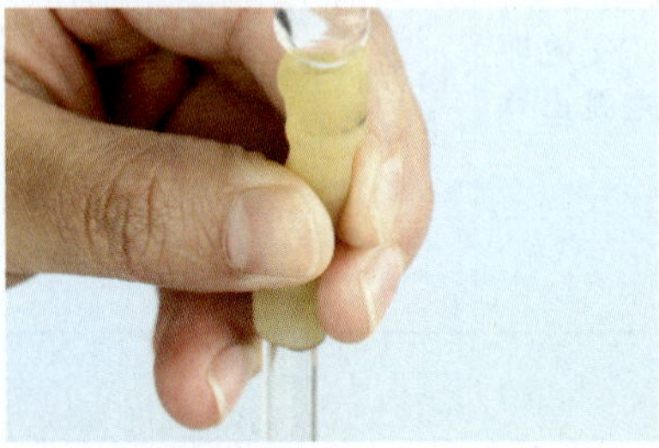	（2）用左手的拇指和食指捏住玻璃珠中部靠上部位的橡胶管外侧，其他三指辅助夹住出口管，使尖嘴管垂直而不摆动，向手心方向捏挤橡胶管，使其与玻璃珠之间形成一条缝隙，溶液即可流出	注意不要捏玻璃珠下方的橡皮管，以免形成气泡，也不要用力挤压玻璃珠，或使玻璃珠上下移动，这样不能使溶液顺利流出
	（3）右手的拇指、食指和中指拿住锥形瓶瓶颈，沿同一方向按圆周摇动锥形瓶，不要前后振动	滴定一般在锥形瓶中进行，有时也可在烧杯中进行

续表

配图	操作步骤	操作说明
	（4）滴定时，将滴定管尖嘴部分插入锥形瓶瓶口下 1 ~ 2 cm 处，先快滴后慢滴，切不可呈液柱流下。右手持瓶，使瓶内溶液沿顺时针方向不断旋转	滴定时要求做到以下几点： 1）逐滴放出 2）只放出 1 滴 3）使溶液呈悬而未滴的状态
	（5）边滴边摇，接近终点时，应 1 滴或半滴地加入	滴定过程中眼睛应注意观察锥形瓶中颜色的变化，而不能看滴定管
	（6）用洗瓶吹入少量水冲洗锥形瓶内壁，使附着的溶液全部流下，然后摇动锥形瓶，观察终点是否达到，如终点未到，继续滴定，直至准确到达终点（颜色变化 0.5 min 不消失）为止	到达滴定终点时，滴定管尖嘴外若挂有液滴，其体积应从滴定液（通常为标准液）中扣除，标准的滴定管 1 滴为 0.05 mL

9. 读数

配图	操作步骤	操作说明
	（1）读数时把滴定管取下，用右手拇指和食指拿住滴定管的上端（无刻线处）使滴定管自然垂下，眼睛平视液面	1）注入溶液或放出溶液后，需等待 30 ~ 60 s 后才能读数 2）滴定时最好每次都从“0”刻度线开始，读数必须精确到 0.01 mL 3）滴定前后均需记录读数

续表

配图	操作步骤	操作说明
	（2）对于无色或浅色溶液，读弯液面下缘实线最低点	1）对于深色溶液，如高锰酸钾、碘水等，读液面两侧的最高点与刻度线相切处 2）对于有“蓝带”的滴定管，读两个弯液面与蓝线相交处

10. 数据记录

配图	操作步骤	操作说明
	滴定结束后，在表1—4—3中清楚、准确、真实地记录消耗0.1 mol/L氢氧化钠的体积	

表1—4—3　　　　数据记录表

项目	第一次滴定	第二次滴定
消耗0.1 mol/L氢氧化钠的体积（mL）		
平均值（mL）		

11. 清洗及放置

配图	操作步骤	操作说明
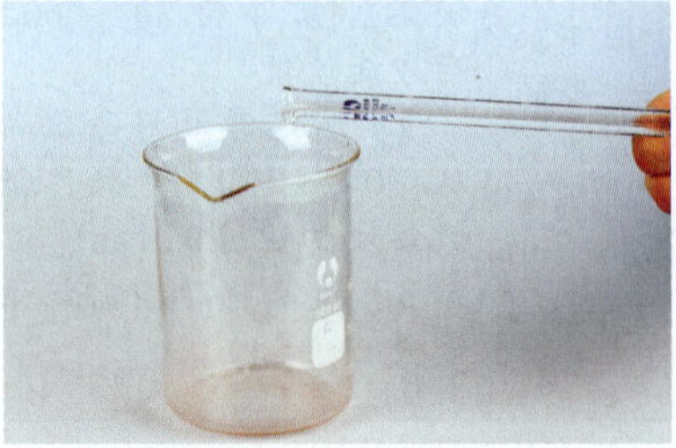	（1）滴定结束后，滴定管内剩余的溶液应弃去，不要倒回原瓶中	

续表

配图	操作步骤	操作说明
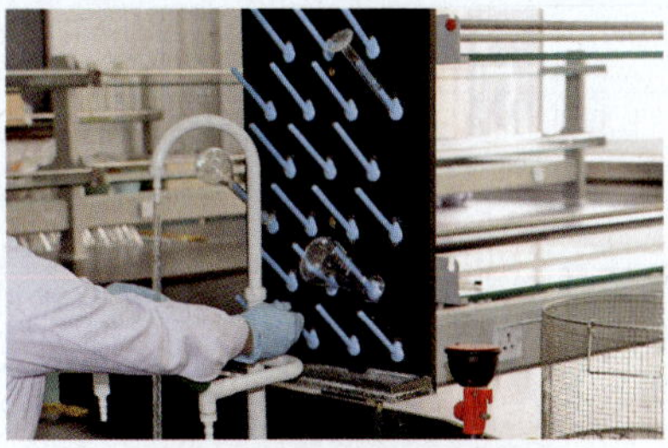	（2）洗涤干净，用蒸馏水冲洗	
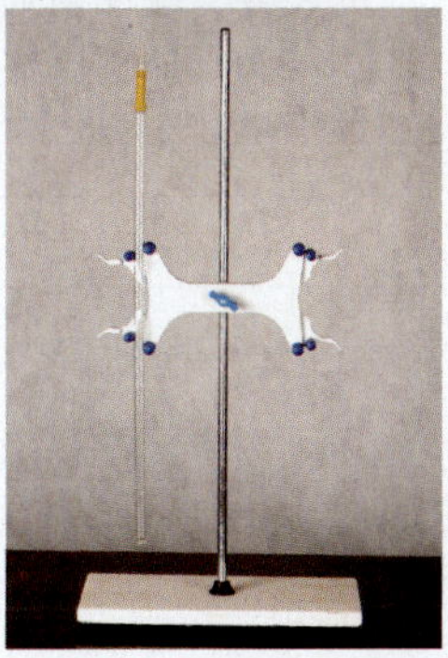	（3）倒立夹在滴定管架上备用	或装入蒸馏水至刻度线以上，用大试管套在管口上，下口套一段洁净的乳胶管

三、用盐酸把上一步骤得到的红色溶液滴至无色

1. 在酸式滴定管的旋塞处涂凡士林

配图	操作步骤	操作说明
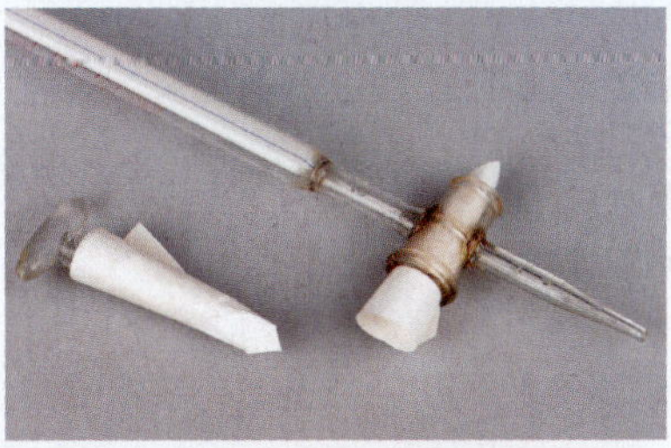	（1）擦干旋塞及旋塞槽。将滴定管平放在实验台上，把旋塞取出，用滤纸将旋塞和塞槽内的水吸干	滴定管使用前，应检查旋塞转动是否灵活，是否漏水，若不符合要求，应在旋塞上涂凡士林
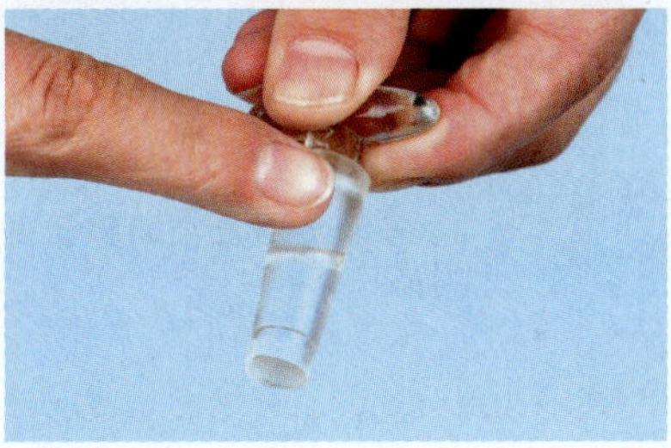	（2）涂凡士林。用手指蘸少许凡士林或真空脂，在旋塞芯两头均匀、薄薄地涂上一层（导管处不涂凡士林）	注意涂油量不能太多，以免凡士林堵塞住旋塞的小孔及滴定管的出口

续表

配图	操作步骤	操作说明
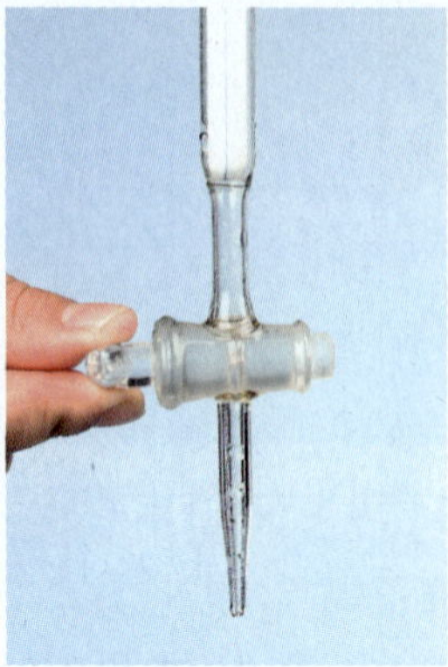	（3）转动旋塞。把旋塞插入塞槽内，向一个方向旋转几次，使油膜在旋塞内均匀透明，且旋塞转动灵活	如果旋塞孔被凡士林堵塞，可以取下旋塞，用细金属丝捅出，如果管尖被堵塞，可将水充满全管，将出口管尖浸在一小烧杯热水中，温热片刻后，打开旋塞，使管内的水流突然冲下，即可将熔化的油脂带出
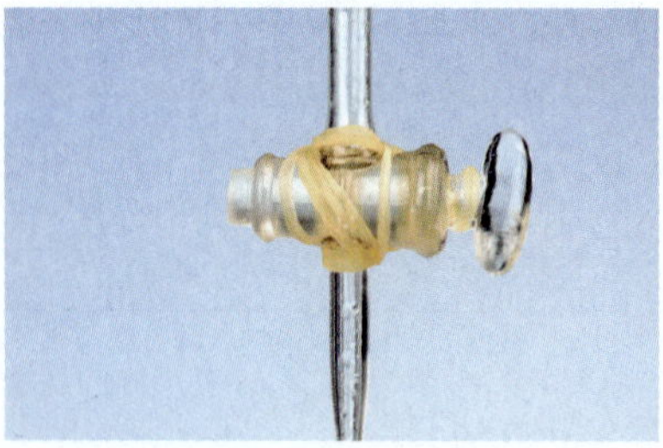	（4）套上小胶圈。顶住旋塞，套上小胶圈，以防止旋塞因松动或滑出而损坏	

2. 试漏

配图	操作步骤	操作说明
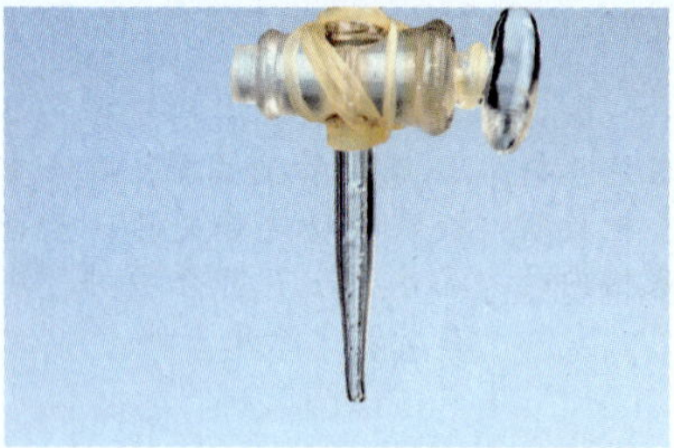	（1）将旋塞关闭，滴定管里注满水，把它固定在滴定管架上，静置 2 min，观察滴定管口及旋塞两端是否有水渗出，液面是否下降	滴定管使用之前必须严格检查，确保不漏
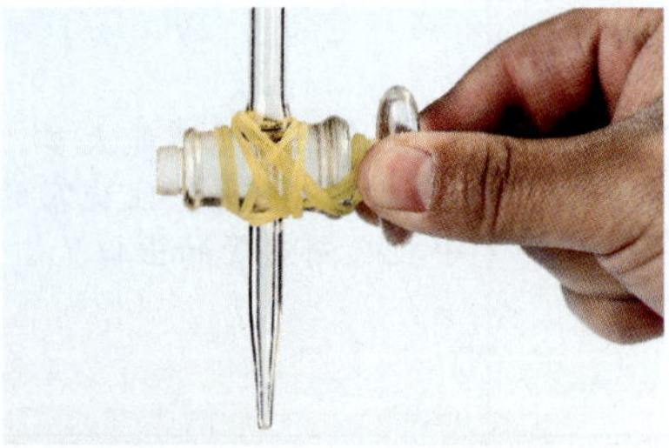	（2）若不漏，将旋塞旋转 180°，静置 2 min，再观察一次，不漏水才可使用	若漏水则应重新擦干并涂油

3. 洗涤

配图	操作步骤	操作说明
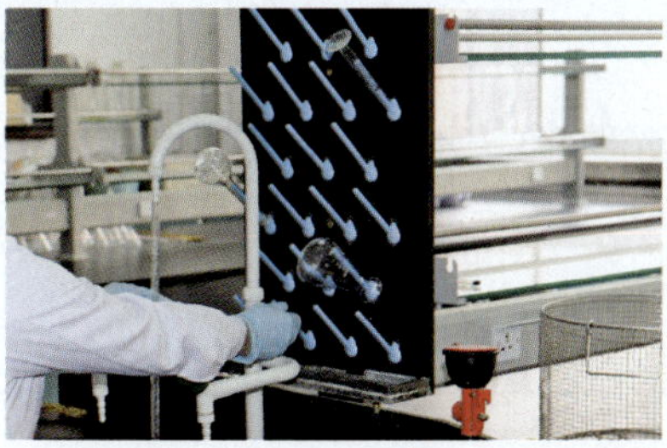	（1）无明显油污的滴定管一般先用自来水冲洗，或用洗涤剂泡洗，若管外壁不干净，则可用毛刷蘸上去污粉等洗涤剂洗涤	内壁不能用刷子刷，以免划伤内壁，影响体积的准确测量
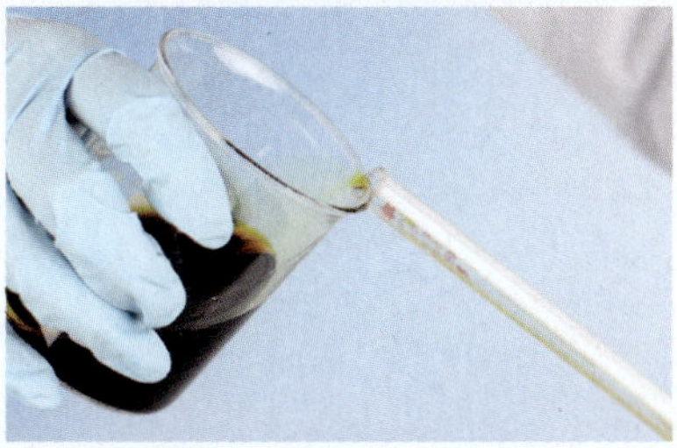	（2）若有油污不易洗净时，可用铬酸洗液洗涤，先除去管内水，再关闭旋塞，倒入 10 ~ 15 mL 铬酸洗液	如果滴定管油垢比较严重，可用铬酸洗液浸泡。注意铬酸洗液不能直接接触胶管
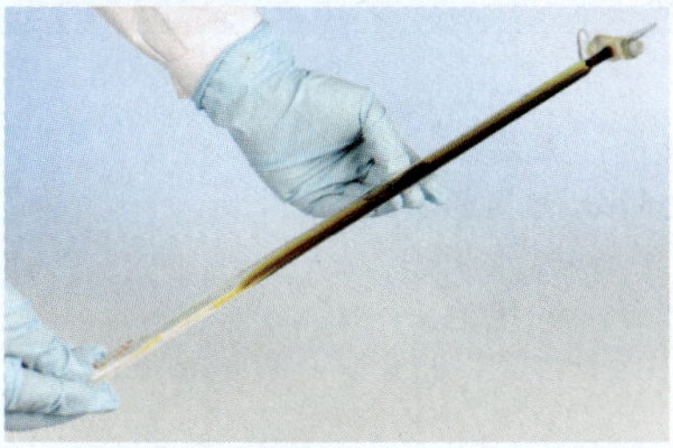	（3）左手拿住旋塞上部无刻度部分，右手拿住滴定管上部无刻度部分，两手缓慢平放滴定管，使滴定管转动并向管口倾斜，让洗液布满全管	
	（4）立起滴定管，打开旋塞，让洗液从下口流出	
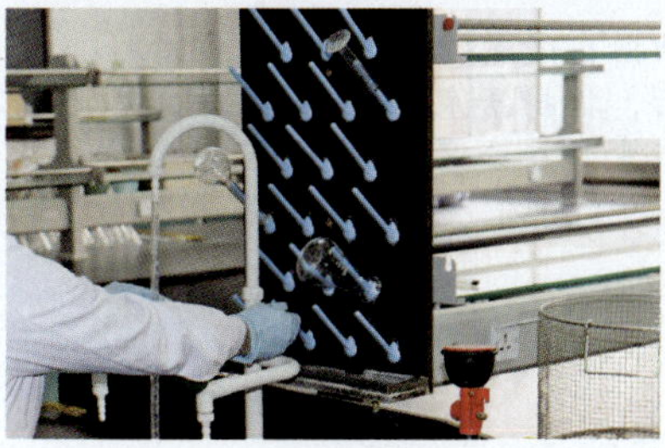	（5）用自来水冲洗干净，每一次冲下的洗液都应从滴定管下口流入废液缸	洗净的滴定管内壁应不挂水珠，如挂水珠，应重新洗涤

续表

配图	操作步骤	操作说明
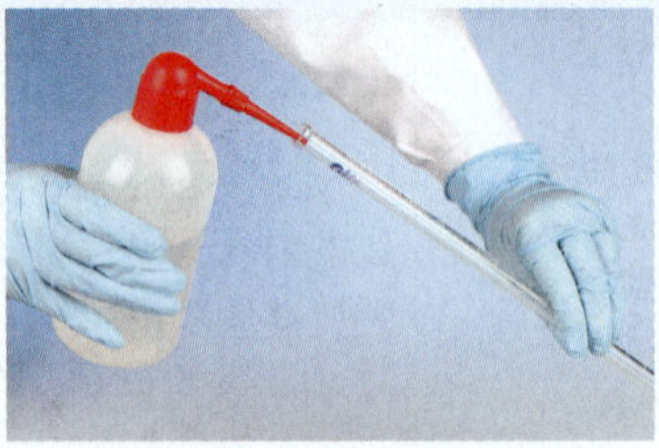	（6）再用蒸馏水淋洗 3 ~ 4 次	滴定管不能在烘箱中烘干或用电吹风吹干，以免改变其容积

4. 润洗

方法同碱式滴定管。

5. 装溶液

方法同碱式滴定管。

6. 排气泡

配图	操作步骤	操作说明
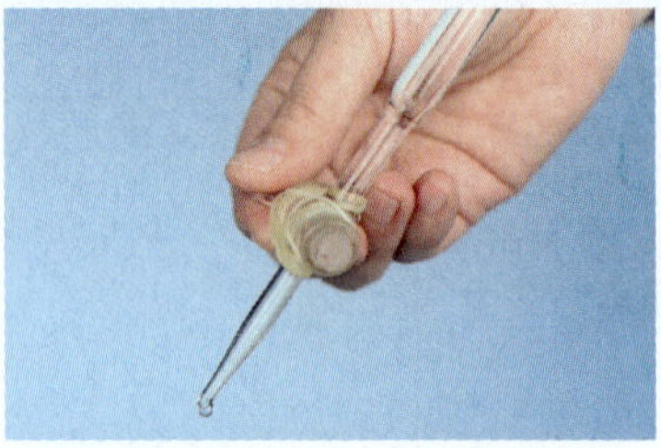	排出气泡的方法是：用右手拿住滴定管无刻度部分使其倾斜约 30° 角，左手迅速打开旋塞，使溶液快速冲出，将气泡带走	

7. 调零

方法同碱式滴定管。

8. 滴定

配图	操作步骤	操作说明
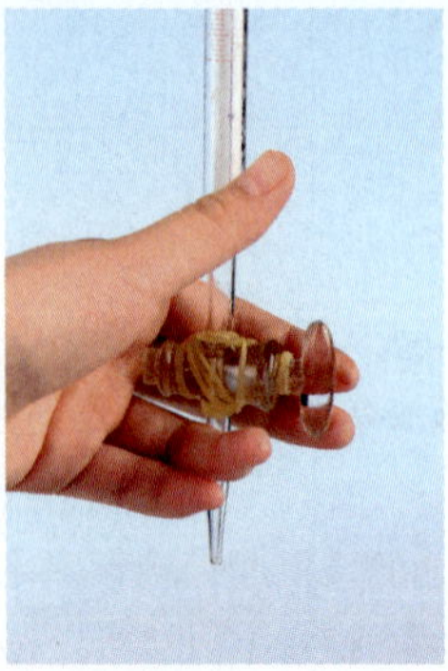	（1）左手的拇指在管前，食指和中指在管后，握持活塞柄，无名指与小指弯曲在旋塞下方和滴定管之间的直角内	注意手心不要向外顶，以免将旋塞顶出而造成漏液

续表

配图	操作步骤	操作说明
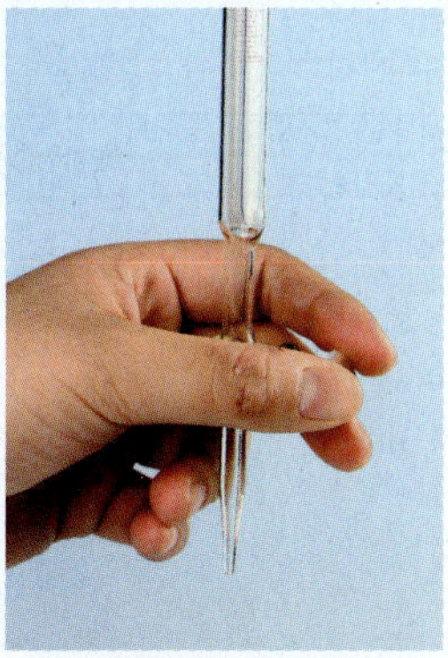	（2）转动旋塞时，手指微曲，手心空握，以免旋塞松动或可能顶出旋塞而使溶液从旋塞缝隙中渗出	中指和食指轻轻里扣旋塞，且手心勿顶旋塞
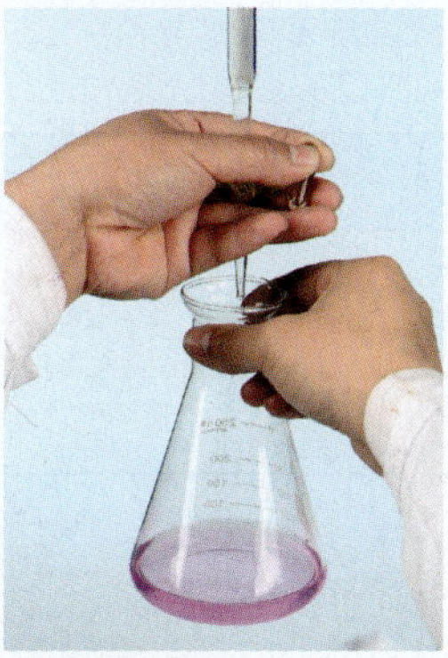	（3）右手的拇指、食指和中指拿住锥形瓶瓶颈，沿同一方向按圆周摇动锥形瓶，不要前后振动，滴定管应插入锥形瓶瓶口下 1 ~ 2 cm 处。右手持瓶，使瓶内溶液沿顺时针方向不断旋转	1）若用碘量瓶等有磨口玻璃塞的锥形瓶滴定时，玻璃塞应夹在右手中指与无名指之间，以免污染 2）滴定时要求做到以下几点： ①逐滴放出 ②只放出 1 滴 ③使溶液呈悬而未滴的状态
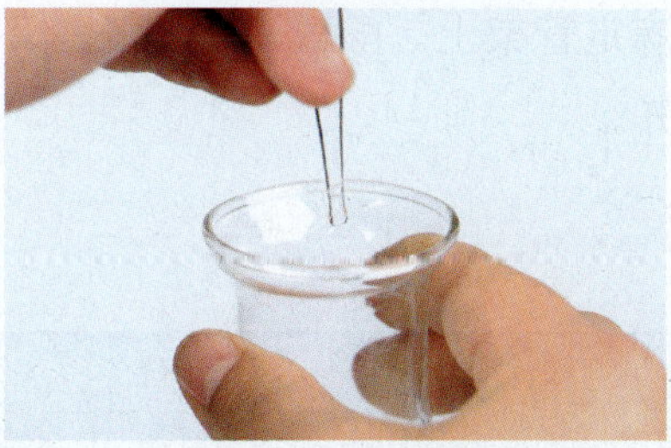	（4）边滴边摇，接近终点时，应 1 滴或半滴地加入	滴定过程中眼睛应注意观察锥形瓶中颜色的变化，而不能看滴定管。左右两手操作及眼睛观察要同时进行，并密切配合
	（5）用洗瓶吹入少量水冲洗锥形瓶内壁，使附着的溶液全部流下，然后摇动锥形瓶，观察终点是否达到，如终点未到，继续滴定，直至准确到达终点（颜色变化 0.5 min 不消失）为止	到达滴定终点时，滴定管尖嘴外若挂有液滴，其体积应从滴定液（通常为标准液）中扣除，标准的滴定管 1 滴为 0.05 mL

9. 读数

方法同碱式滴定管。

10. 数据记录

配图	操作步骤	操作说明
	滴定结束后，在表1—4—4中清楚、准确、真实地记录消耗的0.1 mol/L盐酸的体积	

表1—4—4　　数据记录表

项目	第一次滴定	第二次滴定
消耗0.1 mol/L盐酸的体积（mL）		
平均值（mL）		

11. 清洗及放置

方法同碱式滴定管。

酸式滴定管使用完毕，应洗净并打开旋塞倒置于滴定管架上。酸式滴定管长期不用时，旋塞部分应垫上纸；否则时间一久，塞子不易打开。

【考核评价】

素质	内容 学习目标	评价项目	评价 自我评价30%	 小组评价30%	 教师评价40%
知识20分	应知应会	1. 滴定管的分类 2. 滴定管的有关技术要求			
专业能力60分	准备工作10分	仪器、试剂准备充分			
	仪器使用30分	熟练使用滴定管			
	操作规范10分	1. 操作流程熟练 2. 操作规范			
	遵守安全、卫生要求10分	1. 具有安全防护意识 2. 卫生规范			

续表

素质	内容 学习目标	评价项目	评价 自我评价30%	 小组评价30%	 教师评价40%
通用能力10分	语言能力	专业术语表达准确			
	合作能力	与同学互相配合，团结互助			
	解决问题能力	及时发现问题、解决问题			
态度10分	工作态度	认真、细致、诚实			
总分					
平均分					

【思考与练习】

一、思考题

1．滴定管装标准溶液前为什么要进行润洗?

2．碱式滴定管中有气泡对滴定有什么影响?

3．进行滴定管读数时应遵守哪些规则？

二、实训题

1．洗涤滴定管并进行滴定操作练习。

提示：练习放液时，3 ~ 4 滴 /s→1 ~ 2 滴 /s→半滴→小于半滴（用自来水练习）。

2．酸碱溶液的互滴。

（1）用 0.1 mol/L 的 NaOH 溶液滴定 0.1 mol/L 的 HCl 溶液。

提示：取锥形瓶 1 个，装入 10 mL 左右 0.1 mol/L 的 NaOH 溶液，在氢氧化钠溶液中加入 1 ~ 2 滴甲基橙指示剂，用酸式滴定管中 0.1 mol/L 的 HCl 溶液滴定至溶液刚好由黄色变为橙色。.

（2）用 0.1 mol/L 的 HCl 溶液滴定 0.1 mol/L 的 NaOH 溶液。

提示：取锥形瓶 1 个，装入 10 mL 左右 0.1 mol/L 的 HCl 溶液，在盐酸溶液中加入酚酞指示剂，用 0.1 mol/L 的 NaOH 溶液进行滴定。

项目二

常用小型仪器和设备的使用

任务 1　电子天平的使用

【学习目标】

1. 了解电子天平的工作原理。
2. 在没有教师指导的情况下，利用学习资料与小组成员合作认识电子天平的构造。
3. 能使用直接称量法称取相应质量的物质。
4. 能使用固定质量称量法称取相应质量的物质。
5. 能使用差减称量法称取相应质量的物质。

【任务引入】

实验室现在需完成下列三项任务：

1．称取烧杯的质量，并精确至 0.1 mg，如图 2—1—1a 所示。

2．在烧杯中称取面粉样品 0.500 0 g，如图 2—1—1b 所示。

3．为完成氢氧化钠标准滴定溶液的标定，称取邻苯二甲酸氢钾样品三份，每份（0.500 0±0.000 5）g，如图 2—1—1c 所示。

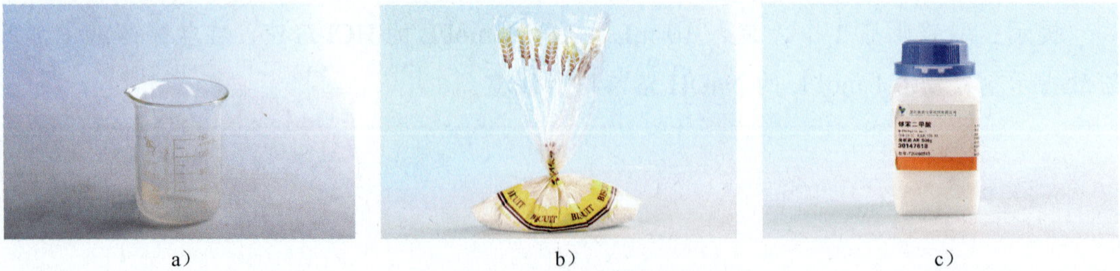

a）　　b）　　c）

图 2—1—1　实验样品

a）烧杯　b）面粉样品　c）邻苯二甲酸氢钾样品

请选取相应的仪器，并按步骤进行称量。

【任务分析】

这三项任务都需要使用天平，常用的天平有普通电子天平和电子天平两种，但由于这三项任务都要求最终结果精确至 0.1 mg，因此需要使用能够精确至 0.1 mg 的电子天平称取。其中第一项任务中，普通烧杯在称取其质量时没有特殊要求，因此可采用直接称量法；第二项任务中，已知欲称取的面粉样品的质量，因此可采用固定质量称量法；第三项任务中，根据国家标准《化学试剂　标准滴定溶液的制备》（GB/T 601—2002）的规定，氢氧化钠标准滴定溶液在进行标定时需称取干燥至恒重的基准试剂——邻苯二甲酸氢钾，并精确至 0.1 mg，为保证称取精度，试剂在称取过程中应尽可能干燥、恒重，因此可采用差减称量法。

【相关知识】

一、电子天平

电子天平是定量分析中最重要的精密衡量仪器之一。了解电子天平的构造，正确地进行称量，是完成定量分析工作的基本保证。电子天平的特点是称量准确、可靠，显示快速、清晰，并且具有自动检测系统、简便的自动校准装置以及超载保护装置等。按电子天平的精度可将其分为四类，见表 2—1—1。

表 2—1—1　　电子天平的分类

名称	最大称量（g）	分度值（mg）
超微量电子天平	2 ～ 5	0.1
微量电子天平	3 ～ 50	0.1
半微量电子天平	20 ～ 100	0.1
常量电子天平	100 ～ 200	1.0

电子天平的构造如图 2—1—2 和图 2—1—3 所示。其称量依据的是电磁力平衡原理。秤盘通过支架连杆与一线圈相连，该线圈置于固定的永久磁铁——磁钢之中，当线圈通电时，由于其自身产生的电磁力与磁钢磁力作用，会产生向上的作用力。该力与秤盘中称量物向下的重力达到平衡时，磁线圈通入的电流与该物重力成正比。利用该电流大小可计量称量物的质量。其线圈上电流大小的自动控制与计量是通过该天平的位移传感器、

调节器及放大器实现的。当盘内物体质量变化时，与盘相连的支架连杆带动线圈同步下移，位移传感器将此信号检出并传递，经调节器和电流放大器调节线圈电流大小，使其产生向上的力，推动秤盘及称量物恢复至原位置，重新达到线圈电磁力与物体重力的平衡，此时的电流可计量物重。

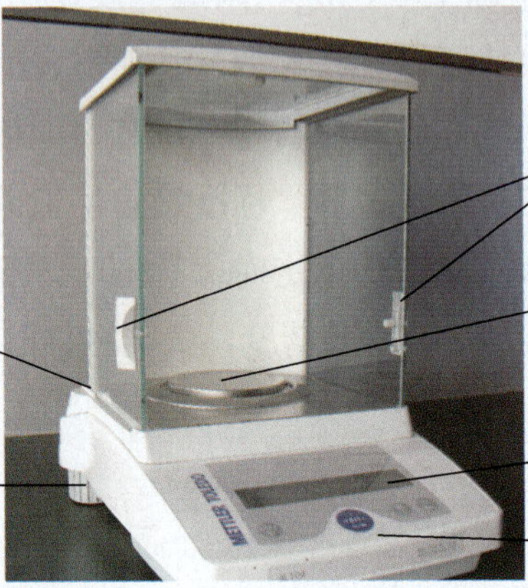

图 2—1—2　电子天平的构造

电子天平是物质计量中唯一可自动测量、显示，甚至可自动记录、打印结果的天平。但应注意其称量原理是电磁力与物质的重力相平衡，即直接检出值是物质重力（mg）而非物质质量（m）。因此，该天平使用时，要随使用地的纬度、海拔高度校正其 g 值，方可获取准确的质量。常量或半微量电子天平一般内部配有标准砝码和质量校正装置，经随时校正后的电子天平可获取准确的质量读数。

图 2—1—3　水平仪（天平后侧正中央）

使用电子天平进行称量时，可以根据称取试剂的不同特点和不同要求分别采用不同的称量方法。

二、干燥器

干燥器（见图 2—1—4）是用于存放试剂，以防止吸潮、保持烘干或灼烧后样品干燥的实验室常见玻璃器皿，其规格以内径（mm）表示，有 150 mm、180 mm、210 mm 等多种规格。

图 2—1—4　干燥器

使用前在器皿主体与盖子的接触位置轻薄、均匀地涂一层凡士林；在使用时侧向滑动盖子来打开和关闭干燥器。

干燥器在使用时应注意：①放入干燥器的样品温度不能过高；②防止打开干燥器时盖子滑落；③干燥器中的变色硅胶变色后要及时更换。

三、称量方法

1. 直接称量法

用于称量一般物体的质量以及洁净、干燥、不易潮解或升华的固体试样的质量。

2. 固定质量称量法

固定质量称量法又称增量法，用于称量某一固定质量的试剂或试样。这种称量操作的速度很慢，适用于称量不易吸潮，在空气中能稳定存在的粉末或小颗粒（最小颗粒应小于 0.1 mg）样品，以便精确调节其质量。

3. 差减称量法

差减称量法又称减量法。用于称量一定范围内的样品和试剂。主要针对易挥发、易吸水、易氧化和易与二氧化碳反应的物质。

使用差减称量法时的计算方法为：

$$m=m_1-m_2$$

式中 m——称取样品的质量，g；

m_1——取样前称量瓶加样品的质量，g；

m_2——取样后称量瓶加样品的质量，g。

【例】 经过称量，取样前称量瓶加样品的质量为 10.925 2 g，取样后称量瓶加样品的质量为 10.425 5 g，请计算称取样品的质量。

解：根据公式 $m=m_1-m_2$，其中 m_1=10.925 2 g，m_2=10.425 5 g，

所以 $m=10.925\,2-10.425\,5=0.499\,7$（g）

【任务实施】

一、实验准备

1. 仪器

普通电子天平、烧杯、称量纸、牛角匙、锥形瓶、白手套。

2. 试剂

邻苯二甲酸氢钾。

二、调试仪器

配图	操作步骤	操作说明
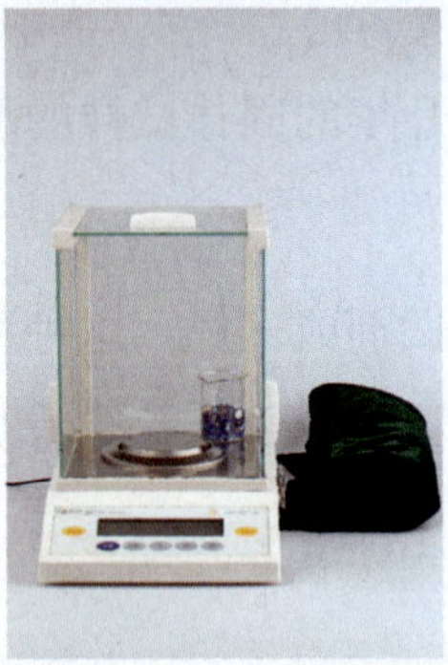	（1）取下天平的防尘罩，叠好后放在天平右后方的台面上	
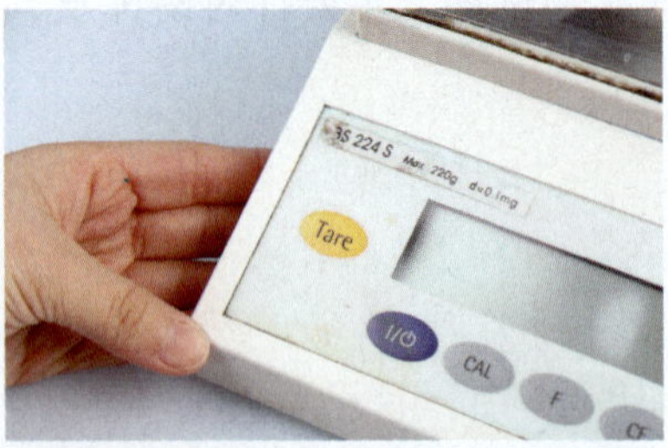	（2）人员站立在分析天平正前方，观察分析天平正后方水平仪中的气泡是否处于圆环的正中央，如不在正中央，手动调节水平调节脚，使气泡移动至圆环中央	分析天平应放置在水平台面上
	（3）接通电源，轻按“ON/OFF”键，当显示器显示“0.000 0 g”时，电子称量系统自检过程结束	
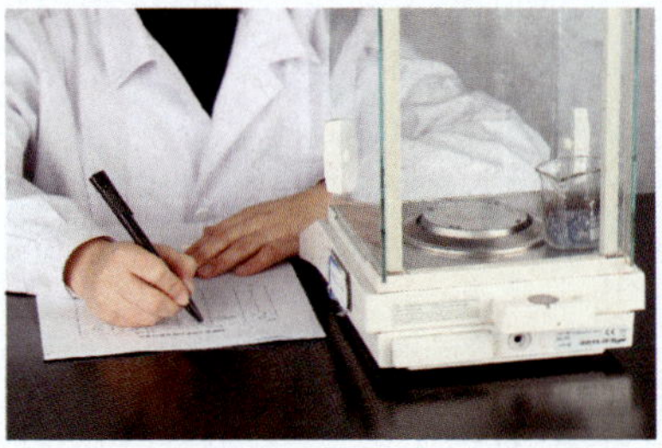	（4）人员穿好白大褂，两脚平放在地面上，端坐在分析天平前，将数据记录本放置在胸前的台面上	

三、样品称量

1. 用直接称量法称量烧杯质量

配图	操作步骤	操作说明
	（1）待读数稳定，不需记录称量数据，按“去皮清零/CARE”键，待显示器显示“0.000 0 g”	
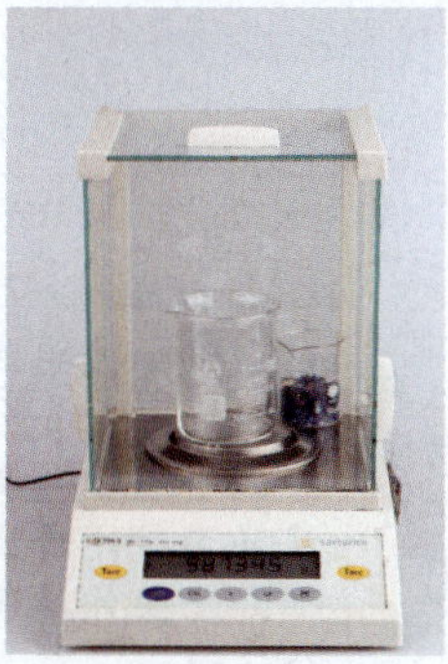	（2）将要称量的物品轻轻放置在秤盘上，读数稳定后，记录数据，即为烧杯质量	

2. 用固定质量称量法称取面粉样品 0.500 0 g

配图	操作步骤	操作说明
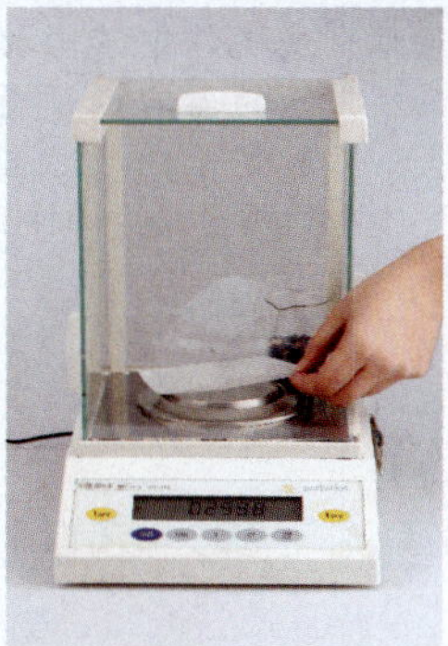	（1）打开天平右侧门，将接受称量物的器皿（洁净干燥的表面皿、小烧杯或称量纸）放置在秤盘上，关闭天平右侧门，在分析天平上准确称出接受称量物的器皿的质量	放入器皿后需关闭天平门

续表

配图	操作步骤	操作说明
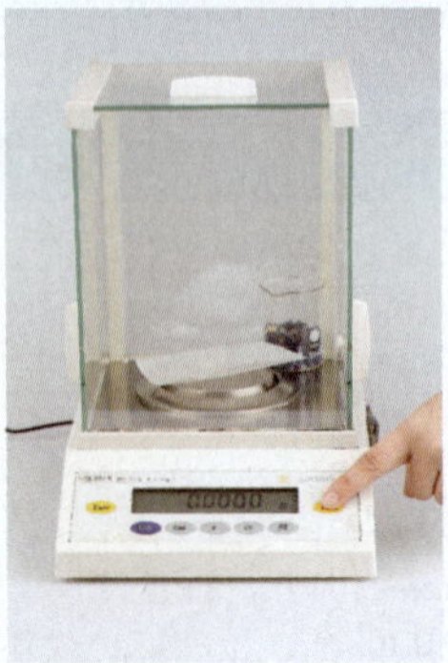	（2）待读数稳定，不需记录称量数据，按“去皮清零/CARE”键，待显示器显示“0.000 0 g”	如不去皮清零，则需记录器皿的质量
	（3）开启天平右侧门，小心地以右手持盛有试样的牛角勺，伸向接受称量物的器皿中心部位上方 2 ~ 3 cm 处	牛角勺不要触碰到器皿的任何部位
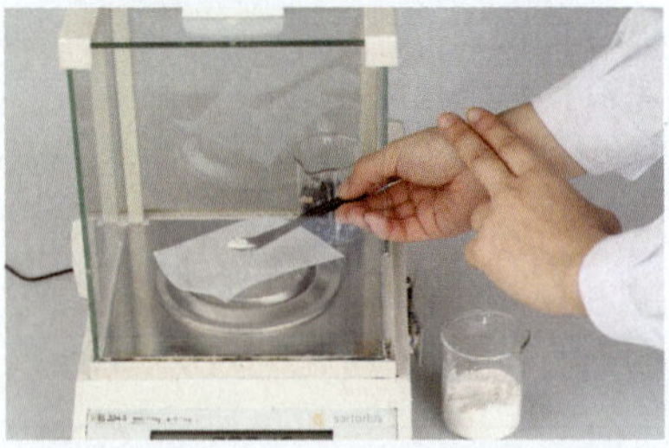	（4）用右手拿稳牛角勺，左手食指和中指并拢，轻轻震动右手手腕，让勺里的试样以非常缓慢的速度抖入表面皿或烧杯中	眼睛既要注意牛角勺，同时也要注视着天平显示屏上的数字变化，等数字显示为要称量的试样量时，停止抖入试样，此操作步骤必须十分仔细
	（5）待显示器上显示的数值达到称量要求后，关闭天平侧窗，待显示数值稳定后读数，即为称得样品的实际质量	（1）关闭天平门后方可读数，否则外在因素可能影响称量结果 （2）如没有在第（2）步操作中清除接受称量物的器皿的质量，则最后显示的数字应是“器皿质量+称得样品质量”
	（6）打开天平右侧门，将称取的样品取出，放置在实验台上，再关闭天平右侧门	随手关闭天平门

3. 用差减称量法称取邻苯二甲酸氢钾样品 0.500 0 g±0.000 5 g

配图	操作步骤	操作说明
	（1）戴好白手套	
	（2）用手拿住表面皿的边缘，连同放在上面的称量瓶一起从干燥器里取出	不应用手直接触及称量瓶瓶身和瓶盖，如没有白手套，在使用时应用纸带夹住称量瓶和瓶盖 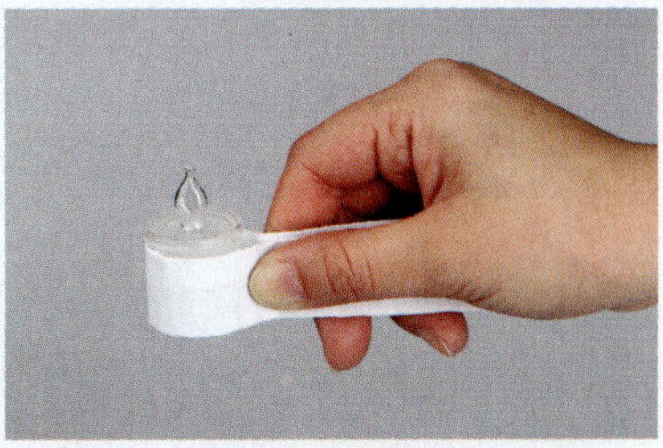
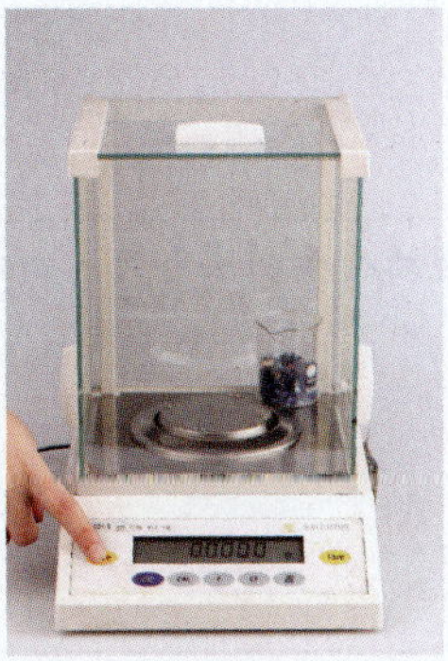	（3）待读数稳定，不需记录称量数据，按“去皮清零/CARE”键，待显示器显示“0.000 0 g”	
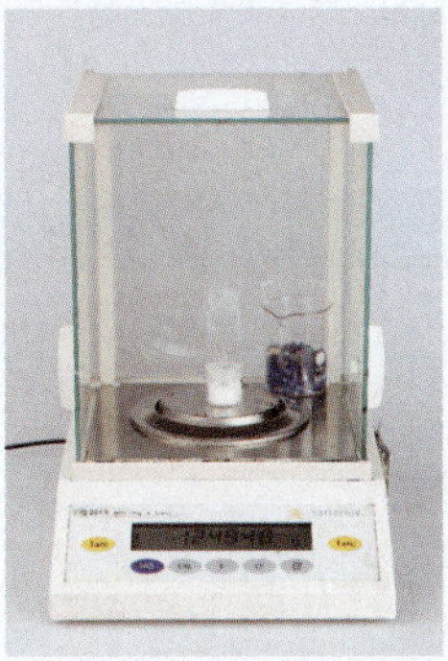	（4）开启天平右侧门，轻轻地将称量瓶放到秤盘的正中位置，关闭天平右侧门，待读数稳定，读取称量瓶加试样的准确质量 m_1，准确到 0.1 mg，并记录	（1）开关天平门动作要轻 （2）拿出称量瓶后切记关闭天平门

续表

<table>
<tr><th>配图</th><th>操作步骤</th><th>操作说明</th></tr>
<tr><td></td><td>（5）开启天平右侧门，将称量瓶从天平秤盘上取出，关闭天平右侧门，拿到接收容器的上方</td><td>接触称量瓶要戴白手套，没有手套用纸带代替</td></tr>
<tr><td>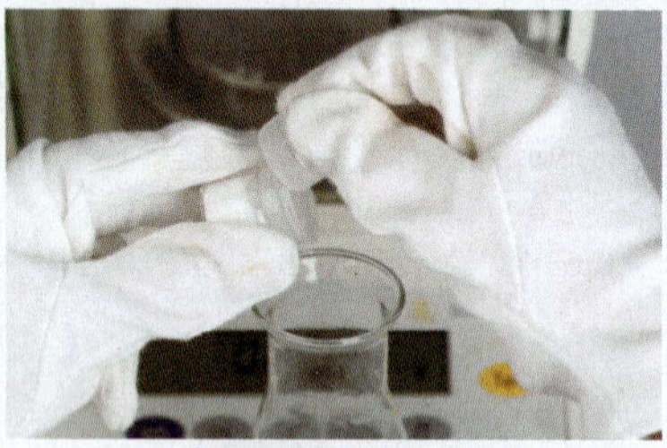</td><td>（6）将瓶身慢慢向接收容器倾斜，一面用瓶盖轻轻敲击瓶口内缘，一面转动称量瓶至试样缓缓接近需要量时（通常从体积上估计或试重得知），一边继续用瓶盖轻敲瓶口，一边逐渐将瓶身竖直，使粘在瓶口附近的试样落入接收容器或落入称量瓶底部</td><td>取样过程可以采用“少量多次”的方针</td></tr>
<tr><td></td><td>（7）开启天平右侧门，轻轻地将称量瓶放到秤盘的正中位置，关闭天平右侧门，待读数稳定，读取称量瓶加试样的准确质量 m_2，准确到 0.1 mg，并记录</td><td></td></tr>
<tr><td colspan="3">（8）按公式进行计算，得到称取样品的质量。若称取三份试样，则连续称量四次即可。公式如下：
$$m=m_1-m_2$$
式中　m——称取样品的质量；
m_1——取样前称量瓶加样品的质量；
m_2——取样后称量瓶加样品的质量。</td></tr>
</table>

四、数据记录

配图	操作步骤	操作说明
	待读数稳定后，分别在表2—1—2～表2—1—4中清楚、准确、真实地记录称量所得的样品的质量	

表 2—1—2　　直接称量法数据记录表

样品名称：________　检验员姓名：________　检验日期：________

项目	第一次称量	第二次称量
实际称取质量（g）		
平均值（g）		

表 2—1—3　　固定质量称量法数据记录表

样品名称：________　检验员姓名：________　检验日期：________

项目	第一次称量	第二次称量
实际称取质量（g）		
平均值（g）		

表 2—1—4　　差减称量法数据记录表

样品名称：________　检验员姓名：________　检验日期：________

项目	第一次称量	第二次称量
m_1（即称量前称量瓶加样品的总质量；g）		
m_2（即称量后称量瓶加样品的总质量；g）		
m（称取样品的质量；g）		
平均值（g）		

五、仪器清扫

配图	操作步骤	操作说明
	（1）称量完毕，按“ON/OFF”键，关闭显示器，此时天平处于待机状态，若当天不再使用，应拔下电源插头	

续表

配图	操作步骤	操作说明
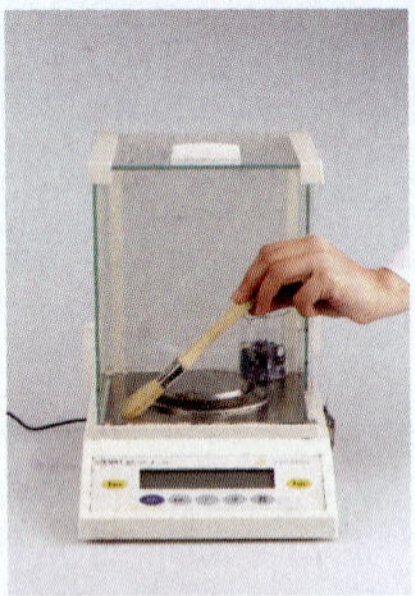	（2）检查天平秤盘上是否干净，若不干净，应用毛刷将异物轻轻扫出	
	（3）盖上天平防尘罩	

【考核评价】

<table>
<tr><th rowspan="2">素质</th><th>内容</th><th rowspan="2">评价项目</th><th colspan="3">评价</th></tr>
<tr><th>学习目标</th><th>个人评价 30%</th><th>小组评价 30%</th><th>教师评价 40%</th></tr>
<tr><td>知识 20 分</td><td>应知应会</td><td>1. 了解电子天平的基本原理
2. 知道电子天平的仪器构造
3. 掌握电子天平的使用要点</td><td></td><td></td><td></td></tr>
<tr><td rowspan="4">专业能力 60 分</td><td>准备工作 10 分</td><td>1. 仪器、辅助用品、样品放置符合操作标准
2. 仪器准备符合操作标准
3. 人员准备符合操作标准</td><td></td><td></td><td></td></tr>
<tr><td>能正确使用相应的称量方法称取样品 20 分</td><td>1. 操作方法、程序正确
2. 能用规范的操作完成称取</td><td></td><td></td><td></td></tr>
<tr><td>能够计算并记录数据 20 分</td><td>1. 计算方法正确
2. 能用规范的数据及文字记录实验结果</td><td></td><td></td><td></td></tr>
<tr><td>遵守安全、卫生要求 10 分</td><td>1. 遵守实验室安全规范
2. 遵守实验室卫生规范</td><td></td><td></td><td></td></tr>
<tr><td rowspan="2">通用能力 10 分</td><td>动作协调能力</td><td>动作灵活、准确，双手配合协调</td><td></td><td></td><td></td></tr>
<tr><td>与人合作能力</td><td>与同学互相配合，团结互助</td><td></td><td></td><td></td></tr>
</table>

续表

素质	内容	评价项目	评价		
	学习目标		个人评价30%	小组评价30%	教师评价40%
态度10分	工作态度	认真、细致、勤劳			
总分					
平均分					

【思考与练习】

1. 简述在使用差减称量法称取试剂时，左右两手分别进行的操作。

2. 实训题

现需称取干燥至恒重的基准工作试剂无水碳酸钠0.750 0 g，请选择适合的方法，按此方法进行称量并将数据记录在设计好的数据记录表上。

提示：完成此任务需要三大步骤，第一步，根据称取精度和试剂要求选择适合的方法；第二步，根据所选择的方法设计数据记录表；第三步，完成称量工作并记录数据。

任务2　常用电热设备的使用

【学习目标】

1. 熟悉水浴锅、电炉、电热板、电加热套的结构及用途。
2. 掌握电热干燥箱、高温马弗炉的结构及用途。
3. 能正确使用电热干燥箱、高温马弗炉。

【任务引入】

实验室现在需完成两项任务：

1. 锥形瓶干燥。

2．在 500 ～ 600℃温度条件下处理样品。

试选取相应仪器，完成这两项任务。

【任务分析】

这两项任务都要用实验室的电热设备来完成，实验室常用的电热设备有电热干燥箱、马弗炉，电热恒温水浴锅、电炉、电加热板、电加热套等。干燥箱适用室温至 300℃范围的干燥、热处理等操作。马弗炉工作温度可高达 1 000℃以上，因此完成第一项任务，需使用电热干燥箱，完成第二项任务需使用高温马弗炉。

【相关知识】

一、电热干燥箱

电热干燥箱简称烘箱或干燥箱，是实验室常用的加热设备，如图 2—2—1 所示。用干燥箱对样品进行干燥，是在进行分析实验时常做的操作，如烘干称量瓶、玻璃器皿、基准物质、试样及沉淀等。根据烘干的对象不同，可调节不同的温度。

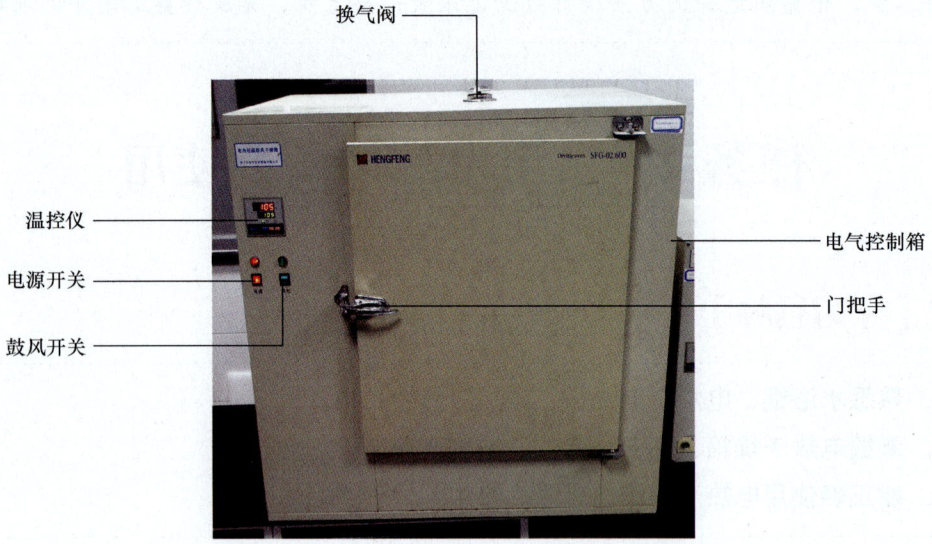

图 2—2—1　电热干燥箱

电热干燥箱是利用电热丝隔层加热使物体干燥的设备。它适用室温至 300℃（有的为 200℃）范围的干燥、热处理等操作。大型干燥箱还配有鼓风装置，以促使工作室内冷热空气对流，温度均匀。

电热干燥箱的型号很多，生产厂家为突出其附加功能，常常标以不同的名称，如市场上常见的电热恒温干燥箱、电热鼓风干燥箱、电热恒温鼓风干燥箱、电热真空干燥箱等。电热干燥箱结构基本相似，一般由箱体、电热系统和自动恒温控制系统 3 部分组成。其结构如图 2—2—1 所示。

箱体正面是开关面板及箱门。开关面板上装有温控仪、电源开关及鼓风开关。箱内夹层以玻璃纤维作保温层材料，箱门四周嵌槽内有石棉绳保证箱门与箱体的密封性，防止箱内热量外泄。箱门通过两个铰链和一个门钩手与箱体紧扣。箱门内即为工作室，工作室两侧有搁板支架，支架上有放置样品的隔板，工作室下部是可拉出的散热板，散热板下安装有电热丝盘、鼓风叶轮及进气孔。

箱体的顶上有排气阀，可通过旋转而改变阀门开启大小。另外，阀门中心孔可供插入温度计用。箱体左侧边门内为电气控制箱，箱内上部装有控温仪传感器及超温保护用的金属调节器，中部为电气控制板，下部是鼓风电动机及电加热盘引出线。

1. 箱体

干燥箱外壳是一个隔热的铁皮箱，箱壁多为四层：外层为铁皮喷油漆；中层为玻璃棉或石棉，用以隔热保温；第三层为涂铅的铁皮；第四层即最内层为铁皮制的空气对流壁，使冷、热空气能够对流，箱内温度均匀。箱的底层（箱后下部）有进气孔，便于干燥空气进入，促使蒸汽逸出。箱侧面有鼓风装置，作用是促使工作室内冷、热空气对流。

2. 电热系统

干燥箱的电热部分多为外露式电炉丝，装于瓷盘之中或绕于瓷管之上，固定在底（箱后）夹层中。比较大型的干燥箱电热丝分为两大组，其中一组为辅助电热丝，直接与电源相接，不受温度控制器控制，用于短时间内急需升温。另一组为恒温电热，它与温度控制器相连，受温度控制器控制。辅助加热系统在恒温加热系统后面，辅助电热丝工作时恒温电热丝必定也在工作。两个加热系统合并在一个旋钮上。

3. 自动恒温系统

烘箱的自动恒温系统一般有差动棒式、电接点水银温度计式。近年以数字显示式控温器为主。

二、高温马弗炉

高温马弗炉主要用于灼烧沉淀、灰化有机物等分析检验工作，如图 2—2—2 所示。其工作温度可高达 1 000℃以上，配有自动控温仪（见图 2—2—3），用来设定、控制、测量炉膛内的温度。

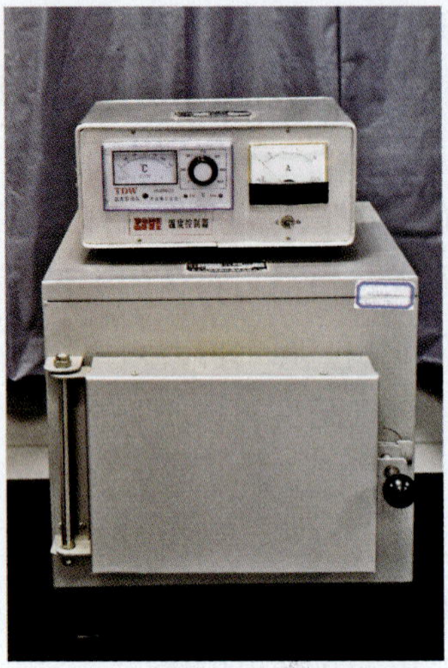

图 2—2—2　高温马弗炉

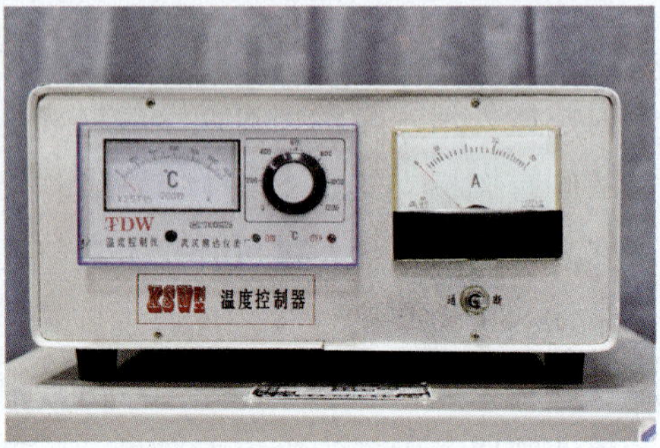

图 2—2—3　自动控温仪

高温马弗炉一般由炉体、控温仪和热电偶组成。高温炉的炉膛是由耐高温的碳化硅结合体制成的。炉膛内外壁之间有空槽，炉丝串在空槽中，炉膛四周都有炉丝，所以，通电以后，整个炉膛周围会被均匀加热而产生高温。炉膛的外围包有耐火砖、耐火土、石棉板等，外壳包有带角铁的骨架和铁皮。炉门是用耐火砖制成。

炉内用控温仪控温，控温仪主要是由一块毫伏表和一个继电器组成。连接一支相匹配的热电偶进行温度控制。一般在灼烧前将控温指针拨到预定温度的位置，从到达预定温度开始计算灼烧时间。

当高温马弗炉第一次使用或长期停用后再次使用时，必须进行烘炉。烘炉的时间应为：室温～200℃，打开炉门 4 h；200～400℃，关闭炉门 2 h；400～600℃，关闭炉门 2 h。高温马弗炉最好在低于最高温度 50℃以下工作，此时炉丝有较长的寿命。

三、其他实验室常用电热设备

1. 电热恒温水浴锅

电热恒温水浴锅是以水作为传热介质，一般在不超过 95℃的温度下使用。是用于蒸馏、蒸发及恒温加热的设备，如图 2—2—4 所示。常用的电热恒温水浴锅有一孔、两孔、四孔、六孔、八孔等不同规格，每孔最大直径为 120 mm，孔上有 4 个圈 1 个盖。

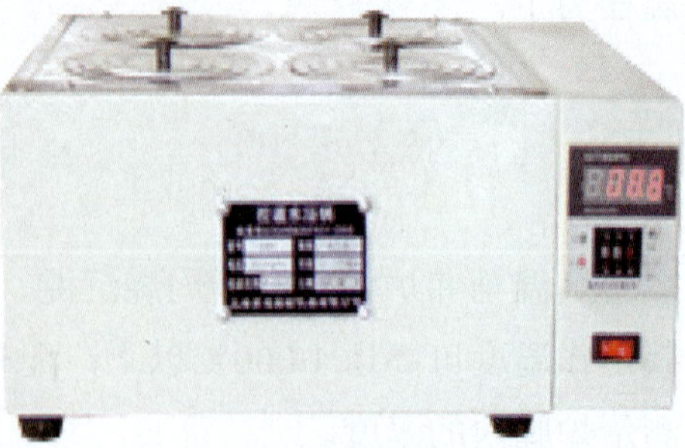

图 2—2—4　电热恒温水浴锅

（1）构造。电热恒温水浴锅一般都采用水槽式结构，分内外两层，内层用铝板制成，底部设有电热管和托架。底部是铜管，铜管内装有电炉丝并用绝缘材料包裹，有导线连接温度控制器。外壳用薄钢板做成，内壁用隔热材料制成。控制器的全部电器部件均装在电器箱内，控制器表面有电源开关、温度调节器和指示灯。水浴锅左下侧有放水阀门，水浴锅顶上有一小孔可插温度计。

电热恒温水浴锅用电热加温，电源电压为 220 V。电热恒温水浴锅恒温范围为 37 ～ 100℃（需高于室温 3℃），温差为 1℃。将水温自 20℃升至 100℃的时间约为 50 min。

（2）使用方法

1）关闭放水阀门，将水浴锅内注入清水（最好用纯水）至适当的深度，水位不低于电热管。

2）将电源插头接在插座上，开启电源。

3）设置恒温温度，进行升温操作。

4）工作完毕，切断电源。若水浴锅较长时间不使用，应将水浴锅中的水排除，用软布擦干净并晾干，禁止在水浴锅无水的状态下使用水浴锅。

（3）使用注意事项

1）使用前必须注水，在未加水之前，切勿开电源，以防电热管的热丝烧毁。

2）切记水位应高于电热管，否则将会烧坏电热管。

3）控制箱内部不可受潮，以防漏电和损坏控制器。

4）使用时注意水箱是否有渗漏现象。

5）恒温加热结束后，从水浴锅的同心圆套盖上取下受热容器时，必须用试管夹、坩埚钳等夹持器具或衬上干布，以防烫伤。

6）使用完毕，应立即切断电源，将箱内的水及时放完，并擦拭干净。

2. 电炉

电炉是分析实验室中常用的电热设备。电炉主要是靠一条电阻丝通上电流产生热量的。这条电阻丝通常称为电炉丝。电炉可分为普通电炉和万用电炉。

（1）普通电炉。电炉的构造很简单，通常是由一条电炉丝嵌在耐火泥炉盘的凹槽中，炉盘固定在一个铁盘座上，电炉丝两头套上多节小瓷管后连接到瓷接线柱上与电源线相接，即成为一个普通的圆盘式电炉。

电炉按功率大小分为不同的规格，如 220 V 的有 500 W、600 W、800 W、1 000 W、1 500 W 等。功率大小主要是因电炉丝的阻值不同而定，同样成分同样长短的炉丝，粗的发热量大，细的发热量小，例如电炉上标明“220 V，1 000 W”字样，说明这个电炉的电压为 220 V 时它的电功率为 1 000 W。

（2）万用电炉。另有一种能根据实验需要调节不同发热量的电炉，常称为“万用电炉”。根据调温方式的不同，万用电炉可分为机械调温万用炉和电子调温万用炉两类。机械调温万用炉外形如图 2—2—5 所示。机械调温万用炉的炉盘在上方，炉盘下装有一个单刀多位开关，开关上有几个接触点，每两个接触点间有一段附加电阻，附加电阻是用多节瓷管套起来的，避免相互接触或跟电炉外壳接触而发生短路或漏电伤人。可借滑动金属片的转动来改变和炉丝串联的附加电阻的大小，以调节通过炉丝的电流强度，达到调节电炉发热量的目的。

3. 电热板

电热板实际上就是一个封闭的电炉，如图 2—2—6 所示。一般外形为长方形，可调节温度，电热板上可同时放置比较多的加热物体，而且没有明火。最高使用温度 400℃。电热板按功率大小分为不同的规格，有 500 W、1 000 W、1 300 W、1 500 W、2 000 W 等。

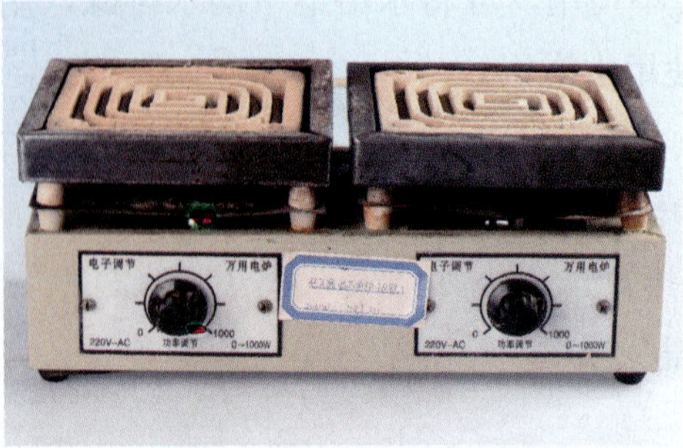

图 2—2—5 万用电炉

图 2—2—6 电热板

4. 电加热套

电加热套是加热圆底烧瓶进行蒸馏的专用设备，如图 2—2—7 所示。外壳做成半球形，内部由电热丝、绝缘材料和绝热材料等组成，应根据烧瓶大小选用合适的电加热套。

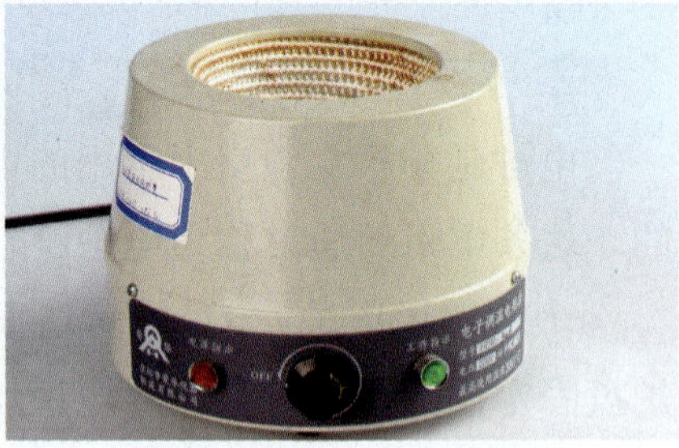

图 2—2—7 电加热套

电炉、电热板和电加热套使用注意事项：

（1）必须安装在稳固的水泥台或特制的铁架上，周围不得存放易燃、易爆物品，更不能在炉子上加热有爆炸危险的物质。

（2）电源电压应和电炉、电热板和电加热套本身规定的电压相符。

（3）使用电炉、电热板和电加热套的连续工作时间不应过长，以免影响其使用寿命。

用完后，立即切断电源。

（4）加热容器是玻璃制品或金属制品时，电炉上应垫上石棉网，以防受热不匀导致玻璃器皿破裂和金属容器触及电炉丝引起短路和触电事故。

（5）电炉凹槽中要经常保持清洁，及时清除灼伤焦煳物（清除时必须断电），保持炉丝导电良好。电炉和电加热套内防止液体溅落导致漏电和影响其使用寿命。

【任务实施】

一、干燥锥形瓶

1. 实验准备

电热干燥箱，锥形瓶。

2. 操作步骤

配图	操作步骤	操作说明
	（1）将电热恒温干燥箱放在室内水平处，通电前，先检查电气性能，注意有无短路或漏电现象	（1）干燥箱应放置在具有良好通风条件的室内 （2）在其周围不可放置易燃易爆物（如有机溶剂、高压气瓶等）、酸性及腐蚀性物品 （3）定期检查电路系统是否连接良好 （4）经常清除箱内残留物，保持干燥箱清洁
	（2）接通电源，开启设备开关，红色指示灯亮，表示电源已接通，加热器工作	在使用过程中如出现异常、气味、烟雾等情况，应立即关闭电源，请专业人员查看并检修

续表

配图	操作步骤	操作说明
	（3）锥形瓶放入干燥箱内，将玻璃门与外门关上，将箱顶上换气阀适当旋开	（1）干燥箱无防爆装置，不得放入易燃易爆品干燥 （2）被烘干的物质不应撒落在箱内，以防止腐蚀内壁及搁板 （3）干燥箱内物品放置不要过挤，必须留出空间，以利热空气循环
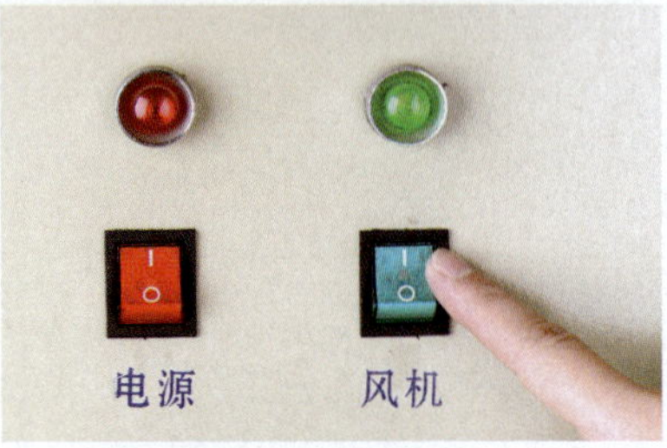	（4）拨动“鼓风”电动机开关至“开”处，鼓风电动机运转	
	（5）通过操作面板将温度调至所需温度（按照设备操作规程操作），时间设置为所需时间。红色指示灯亮，表示加热	使用时不得超过额定温度，以免损坏加热元件
	（6）箱内温度达到设定值，绿色指示灯亮，开始计时。视箱顶温度计温度高低将调节器反复调整至所需温度	在使用过程中要经常检查箱内的温度是否在规定的范围内，温度控制是否良好，发现问题应及时检修
	（7）当达到处理时间时，关闭设备开关	拿取物品时，要关闭干燥箱电源，使用器皿钳拿取物品，防止烫伤触电。每次使用完后，应将电源全部切断，经常保持箱内外清洁

续表

配图	操作步骤	操作说明
	（8）待温度降至室温，开启箱门，取出物品（戴手套，不能用手直接接触物品）。放入干燥器中冷却备用	电热恒温干燥箱长期不用时，应拔掉电源线插头。并定期（一般为一季度）按使用条件运行2～3天，以避免损坏有关器件

二、用马弗炉处理样品

1. 实验准备

马弗炉，坩埚，坩埚钳。

2. 操作步骤

配图	操作步骤	操作说明
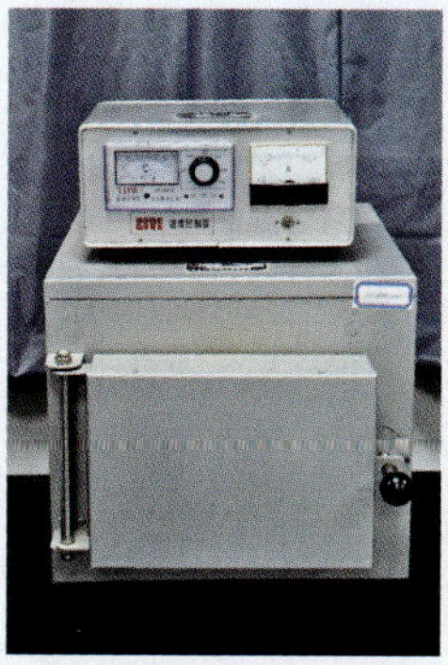	（1）将马弗炉放在室内水平处，周围无易燃物质。通电前，先检查电气性能，注意有无短路或漏电现象	（1）炉膛内保持清洁，炉子周围不要堆放易燃易爆物品 （2）禁止向炉内灌注各种液体及易溶解的金属
	（2）开启炉门，将样品放置于炉膛中	（1）高温电炉必须放置在稳定的水泥台上 （2）使用时要经常查看，防止因温控失灵，造成电炉丝烧断等事故

续表

配图	操作步骤	操作说明
	（3）设定工作温度	使用时，炉温不得超过马弗炉最高使用温度下限，以免烧毁电热元件
	（4）接通电源	高温炉在使用时，要经常照看，防止自控失灵，造成电炉丝烧断等事故。晚间无人值守时，切勿启用高温炉
	（5）在炉温升到所需的工作温度时，红灯亮，表示温度恒定	
	（6）工作时间到后关掉电炉总电源	灼烧完毕后，应先拉下电闸，切断电源，但不应立即打开炉门，以免炉膛骤然受冷碎裂

续表

配图	操作步骤	操作说明
	（7）先开一条小缝降温	开一条小缝，让其降温快些
	（8）用长柄坩埚钳取出已经灼烧好的试样	高温炉不用时，应切断电源，并将炉门关好，防止耐火材料受潮气侵蚀

【考核评价】

素质	内容	评价项目	评价		
	学习目标		自我评价30%	小组评价30%	教师评价40%
知识20分	应知应会	1. 了解实验室常用的电热设备有哪些 2. 了解干燥箱、马弗炉结构 3. 了解水浴锅、电炉、电热板、电热套的用途 4. 掌握干燥箱、马弗炉的用途			
专业能力60分	准备工作10分	仪器、辅助用品准备充分			
	仪器使用30分	1. 熟练使用干燥箱 2. 熟练使用马弗炉			
	操作规范10分	1. 操作流程熟练 2. 操作规范			
	遵守安全、卫生要求10分	1. 具有安全防护意识 2. 卫生规范			

续表

素质	内容	评价项目	评价		
	学习目标		自我评价 30%	小组评价 30%	教师评价 40%
通用能力 10分	语言能力	专业术语表达准确			
	合作能力	与同学互相配合，团结互助			
	解决问题能力	及时发现问题、解决问题			
态度 10分	工作态度	认真、细致、诚实			
总分					
平均分					

【思考与练习】

一、思考题

1．实验室常用的电热设备有哪些？

2．电热恒温干燥箱有什么用途？它由哪几部分组成？

3．马弗炉有什么用途？它由哪几部分组成？

二、实训题

1．熟悉电热恒温鼓风干燥箱的基本结构，对照实物指出：

（1）干燥箱的结构及各部件的名称、作用。

（2）面板上的电源开关、鼓风开关、控温仪的操作方法。

2．变色硅胶的再生。

提示：

（1）将受潮后变成粉红色的变色硅胶倾入长搪瓷盘内，铺成厚度不超过 25 mm 的均匀薄层，置于烘箱中干燥。

（2）硅胶在 120℃的干燥箱中恒温鼓风干燥 1 ~ 1.5 h，直至硅胶全部变成蓝色。

（3）取出后稍冷却，转入干燥器中冷却至室温备用。

3．用高温马弗炉将基准物质无水碳酸钠进行恒重操作。

提示：

（1）按前面操作步骤将高温马弗炉温度设置在 270 ~ 300℃；

（2）把基准无水碳酸钠放入设置好温度的高温马弗炉内。灼烧 4 h。

（3）取出放入干燥器备用。

4．在 70 ~ 80℃水浴中加热锥形瓶中的样品 20 min。

任务 3　常用电动设备的使用

【学习目标】

1. 了解离心机、电磁搅拌器、组织捣碎机的用途。
2. 能正确使用离心机。
3. 能正确使用电磁搅拌器。

【任务引入】

实验室现在需完成两项任务：

1．对溶液进行沉淀分离。

2．需边搅拌溶液，边进行滴定操作。

试选取相应仪器，完成两项任务。

【任务分析】

这两项任务的完成都要用实验室的电动设备来完成，实验室常用的电动设备有电动设备离心机、电动搅拌器、组织捣碎机等。实验室常利用离心机将沉淀与溶液分离；在搅动待测溶液的条件下进行的各种分析操作，大都是在电磁搅拌器上进行。因此，完成第一项任务对所用的溶液进行沉淀分离，需使用离心机；第二项任务边搅拌溶液，边进行滴定操作的完成需使用电磁搅拌器。

【相关知识】

一、离心机

在定性分析中常利用离心机将沉淀与溶液分离，这种操作称为离心分离。所使用的仪器为离心机，如图 2—3—1 所示。

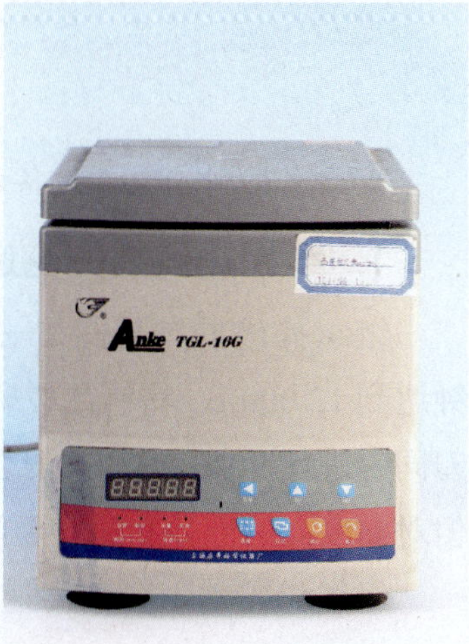

图 2—3—1　离心机

1. 电动离心机工作原理

离心分离主要是利用离心机高速旋转时产生的强大离心力，加快液体中颗粒的沉降速度，将沉淀甩到离心管底部与溶液分开。离心分离的效率主要决定于所产生的离心力的大小，而离心力的大小则取决于沉淀物的质量和电动机的转速。

2．电动离心机的分类

按转速不同，离心机分为低速离心机（转速小于等于 10 000 r/min）和高速离心机（转速大于 10 000 r/min）和超速离心机（其转速可达 80 000 r/min）。化学实验室常用的离心机多为低速离心机。

按离心机的尺寸大小可分为台式离心机和落地式离心机；按转子的结构可分为角式离心机和水平式离心机。化学实验室常用的离心机是台式的。

二、电磁搅拌器

在分析实验室里，常常需要在搅动待测溶液的条件下进行各种分析操作，如电位滴定、PH 值测定、离子选择电极测定各种离子等。这些操作大都是在电磁搅拌器（又称磁力搅拌器）中进行。电磁搅拌器如图 2—3—2 所示。

电磁搅拌器是由一个微型电动机带动一块磁铁旋转，吸引托盘上装溶液的容器中的搅拌子转动，达到搅拌溶液的目的。搅拌子也叫磁子，它随磁铁转动而转动。托盘下面除磁铁外，还有电热装置。

电磁搅拌器面板上有电源开关、加热开关、转速调节旋钮和指示灯等。

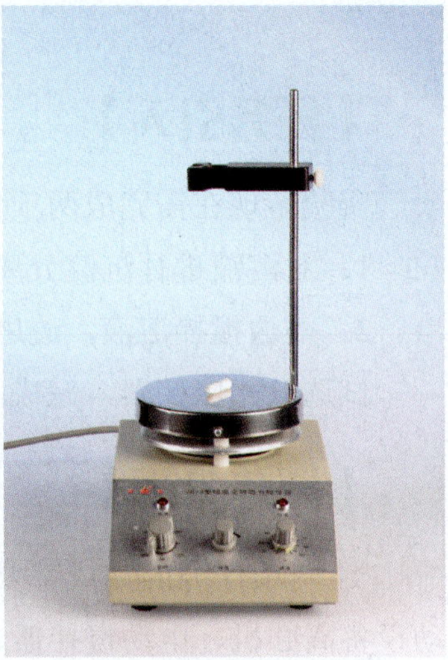

图 2—3—2　电磁搅拌器

三、组织捣碎器

实验室常用的电动设备还有组织捣碎器。

1．组织捣碎器的构造

组织捣碎器（见图 2—3—3）旋转速度极高，每分钟达到 12 000 r，物料在玻璃杯中通过电动机旋转驱动旋刀同时进行劈裂、碾碎、混合等过程，使物料搅拌捣碎，但对黏度高的液体和质料硬的物质（如骨头等）均不适宜。

组织捣碎器主要由高速电动机、调速器、捣碎杯三大部分组成，电动机下端连接不锈钢刀轴。

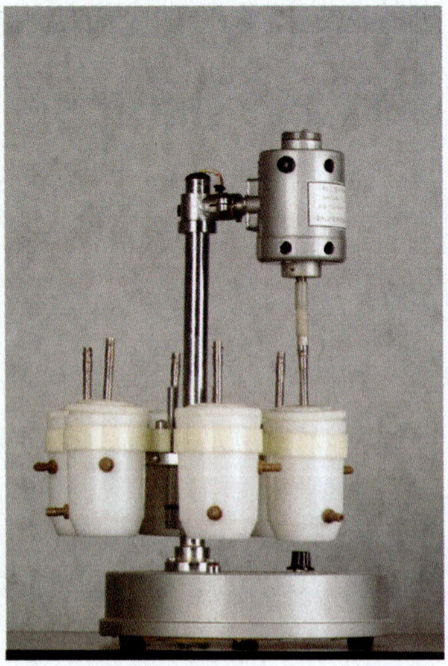

图 2—3—3　组织捣碎器

2. 组织捣碎器的使用方法

（1）将已去除果壳、果核、骨、筋膜等的样品用小刀或剪刀切碎并放入捣碎杯中，加入适量的水。

（2）检查转动轴的转动是否灵活，连接是否牢固可靠。注意转动轴和刀片不能与捣碎杯接触。

（3）接通电源，电动机轴和刀片转动时应该平稳无跳动现象。待捣碎 1 ～ 2 min 后，间歇 5 min，如果需要，再继续捣碎。

（4）捣碎完毕，将转速调至最低，然后切断电源，松开转动轴连接接头，取下捣碎杯，倒出匀浆，洗净、晾干捣碎杯和刀片，以备下次使用。

3. 组织捣碎器使用时的注意事项

（1）使用中切勿让机器空转，否则容易烧毁机器。

（2）接通电源前应调至最低速。每次旋转最多不得超过 5 min。

（3）工作时应将本机放置在平整紧固的台面上，以防止振移；高速捣碎时，应用手按住杯盖。

（4）禁止捣碎骨类、矿砂等较坚硬的物质。

【任务实施】

一、分离沉淀

1. 实验准备

离心机，离心管。

2. 操作步骤

配图	操作步骤	操作说明
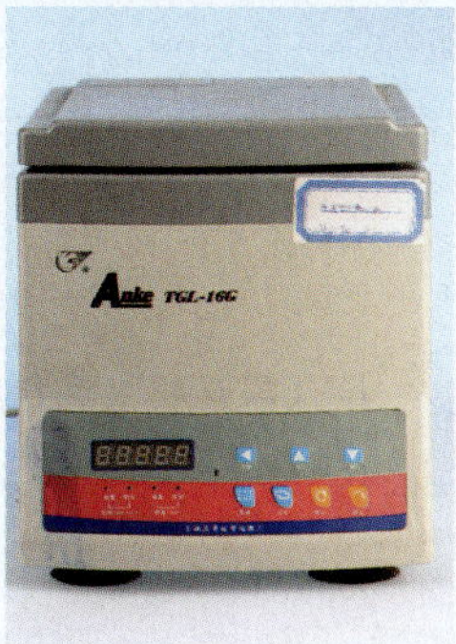	（1）将离心机放置在平稳、坚固的台面上	电动离心机如出现噪声或机身振动时，应立即切断电源，即时排除故障

续表

配图	操作步骤	操作说明
	（2）在已选定的离心管中分别注入适量的被分离溶液。将盛有被分离溶液的离心管，置于离心机移动盘的各套孔中	（1）离心管内溶液不可装得过满 （2）必须使离心管的管口高出套孔，必要时可在套孔底部垫上棉花之类的柔软物质
	（3）离心管要对称放置	如管为单数不对称时，应再加一管并装入相同质量的水调整对称
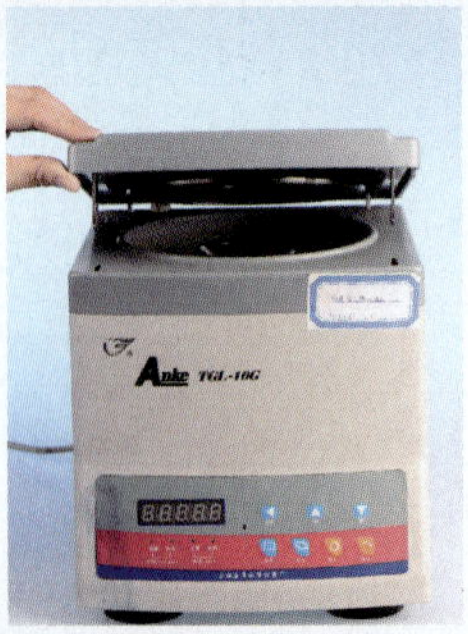	（4）盖上顶盖	
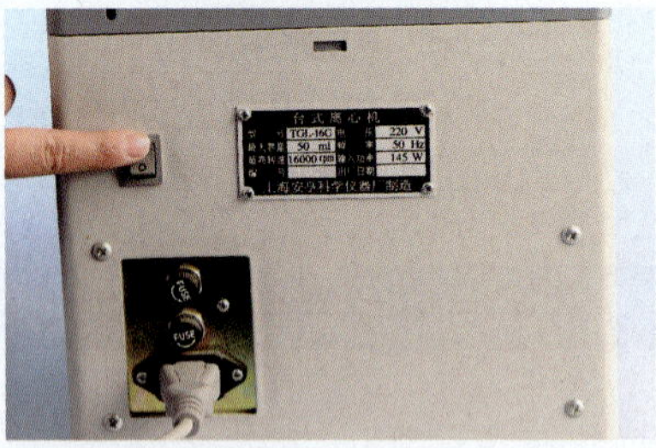	（5）打开电源	启动离心机时，应盖上离心机顶盖后，方可慢慢启动
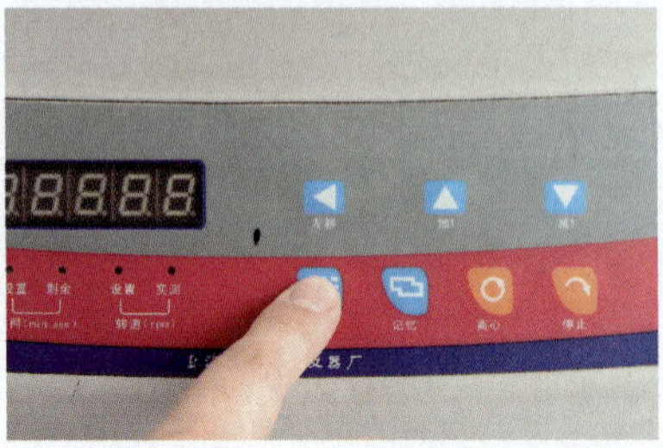	（6）调节离心机各项指标（转速、离心时间、温度、加速度、减速度）	按仪器说明书进行操作

续表

配图	操作步骤	操作说明
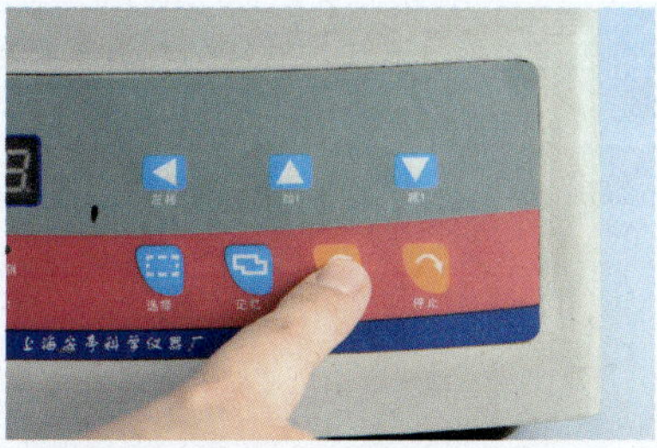	（7）按下“离心”键，开始工作	离心期间，实验者不得离开
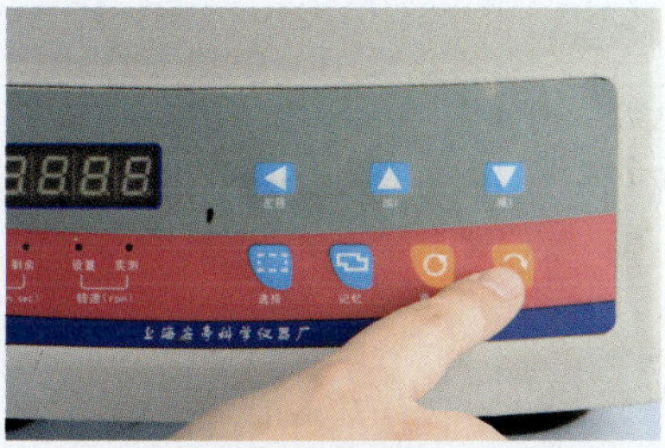	（8）当离心完成，待转速显示为“0”时，按下“停止”键，结束操作	分离结束后，先关闭离心机，在离心机停止转动后，方可打开离心机盖取出样品，不可用外力强制其停止运动
	（9）等移动盘自动停止转动后，将离心机盖揭开取出离心管	取出离心管时应小心，防止已经沉淀的物质因震动而上升，发生混浊
	（10）最后全面检查，切断电源。清洁整理	

二、边搅拌溶液，边进行滴定操作

1. 实验准备

电磁搅拌器，烧杯，转子，蒸馏水。

2. 操作步骤

配图	操作步骤	操作说明
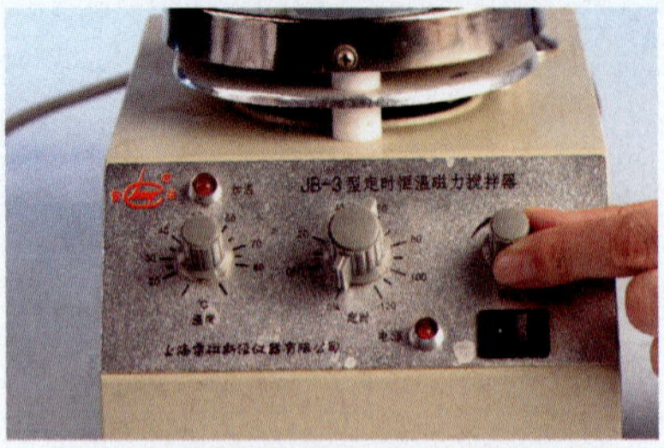	（1）使用电磁搅拌器前，先将转速调至最小	
	（2）接上 220 V 电源，打开电源开关，电源指示灯即亮	
	（3）将需要搅拌的容器放置在托盘合适的位置，放入搅拌子	（1）选择合适的搅拌子放入溶液 （2）保持容器外壁干燥
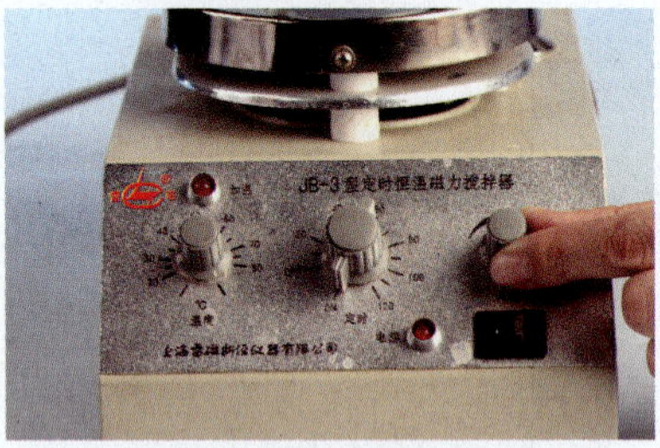	（4）调节合适的转速	（1）使搅拌子在开始搅拌时不会碰到容器壁 （2）转速不要过快，以免溶液外溅，腐蚀托盘
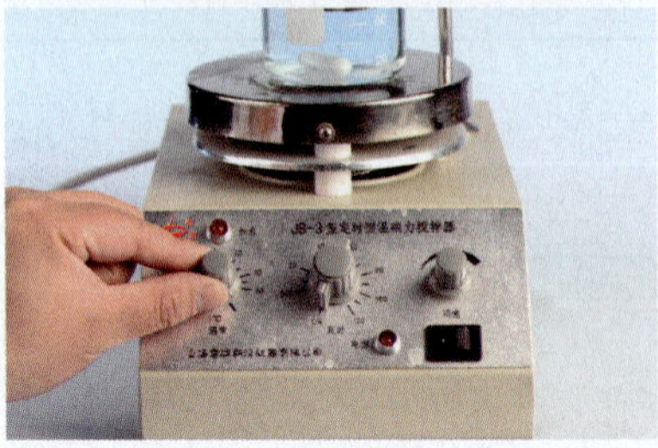	（5）需要加热时，可打开加热开关，调节合适的温度，进行滴定	

续表

配图	操作步骤	操作说明
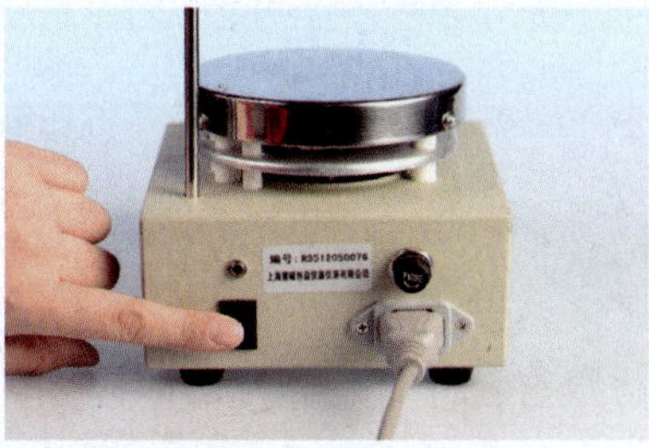	（6）用完应及时切断电源	

【考核评价】

素质	内容 学习目标	评价项目	评价 自我评价30%	 小组评价30%	 教师评价40%
知识20分	应知应会	1. 了解实验室常用的电动设备 2. 了解离心机、电磁搅拌器、组织捣碎机的结构 3. 掌握离心机、电磁搅拌器、组织捣碎机的用途			
专业能力60分	准备工作10分	仪器、辅助用品准备充分			
	仪器使用30分	1. 熟练使用离心机 2. 熟练使用电磁搅拌器			
	操作规范10分	1. 操作流程熟练 2. 操作规范			
	遵守安全、卫生要求10分	1. 具有安全防护意识 2. 卫生规范			
通用能力10分	语言能力	专业术语表达准确			
	合作能力	与同学互相配合，团结互助			
	解决问题能力	及时发现问题、解决问题			
态度10分	工作态度	认真、细致、诚实			
总分					
平均分					

【思考与练习】

一、思考题

1．实验室常用的电动设备有哪些?

2．离心机有什么用途?它的种类有哪几种?

3．电磁搅拌器和组织捣碎机有什么用途?

二、实践题

1．熟悉离心机、电磁搅拌器的基本结构，对照实物指出：

（1）离心机、电磁搅拌器的结构及各部件的名称、作用。

（2）面板上开关的操作方法。

2．正确使用离心机。

3．正确使用电磁搅拌器。

4．正确使用组织捣碎器。

项目三

溶液的配制

任务1　一般溶液的配制

【学习目标】

1. 了解实验室用水的规格和储存。

2. 了解实验室化学试剂的分类及管理。

3. 掌握一般溶液浓度的表示方法。

4. 在教师指导下，以小组协作的方式，根据溶液配制方法完成质量分数、体积分数、质量浓度、物质的量浓度和比例浓度溶液的配制。

【任务引入】

溶液的配制是食品检验人员应掌握的一项基本操作技能，是食品检验过程中必不可少的操作步骤。现在实验室需要完成下面几个任务：

1. 配制 100 mL 4% 氯化钠溶液。

2. 配制 100 mL 65% 乙醇溶液。

3. 配制 100 mL 5 g/L 硫酸铜溶液。

4. 配制 100 mL 0.1 mol/L 高锰酸钾溶液。

5. 配制（1 + 3）盐酸溶液 40 mL。

【任务分析】

配制溶液的技能是决定检测项目的关键技术点。4% 氯化钠溶液的配制属于质量分数溶液的配制（%，*m*/*m*）；65% 乙醇溶液的配制属于体积分数溶液的配制（%，*V*/*V*）；

5 g/L 硫酸铜溶液的配制属于质量浓度溶液的配制（%，*m*/*V*）；0.1 mol/L 高锰酸钾溶液的配制属于物质的量浓度溶液的配制；（1＋3）盐酸溶液的配制属于比例浓度溶液的配制。

上述溶液配制都属于一般溶液的配制，需要的实验室用水均为纯度能满足分析要求的蒸馏水或去离子水。使用的试剂则为分析纯试剂。需要经过计算、称量、转移、混匀等步骤才能完成配制过程。

【相关知识】

一、实验室用水

在食品分析检验中，未特殊注明的情况下，无论配制试剂用水，还是分析检验操作过程中加入的水，均为纯度能满足分析要求的蒸馏水或去离子水。国家标准GB/T 6682—2008《分析实验室用水规格和试验方法》中明确了三个级别纯净水的规格和相应的检验方法、技术要求。

1. 实验室用水的级别

一级水用于有严格要求的分析实验，包括对颗粒有要求的实验，如高效液相色谱分析用水。一级水可用二级水经过石英设备蒸馏或离子交换混合床处理后，再经 0.2 μm 微孔滤膜过滤来制取。

二级水用于无机痕量分析等试验，如原子吸收光谱分析用水。二级水可用多次蒸馏或离子交换等方法制取。

三级水用于一般化学分析试验。三级水可用蒸馏或离子交换等方法制取。

分析实验室用水的规格见表 3—1—1。

表 3—1—1　　分析实验室用水规格

名称	一级	二级	三级
pH 值范围（25℃）	—	—	5.0 ~ 7.5
电导率（25℃），mS/m ≤	0.01	0.10	0.50
可氧化物质含量（以 O 计），mg/L<	—	0.08	0.4
吸光度 (254 nm，1 cm 光程) ≤	0.001	0.01	—
蒸发残渣（105℃ ±2℃）含量，mg/L ≤	—	1.0	2.0
可溶性硅（以 SiO_2 计）含量，mg/L<	0.01	0.02	—

注：①由于在一级水、二级水的纯度下，难于测定其真实的 pH 值，因此，对一级水、二级水的 pH 值范围不做规定。②由于在一级水的纯度下，难于测定可氧化物质和蒸发残渣，对其限量不做规定。可用其他条件和制备方法来保证一级水的质量。

2. 实验室用水的储存

（1）容器：各级用水均应使用密闭的专用聚乙烯容器。三级水也可使用密闭的专用玻璃容器。新容器在使用前需用 20% 盐酸溶液浸泡 2 ～ 3 d，再用待测水反复冲洗，并注满待测水浸泡 6 h 以上。

（2）储存：各级用水在储存期间，其沾污的主要来源是容器可溶成分的溶解、空气中的二氧化碳和其他杂质。因此，一级水不可储存，只能在使用前制备。二级水、三级水可适量制备，并分别储存在预先经同级水清洗过的相应容器中。各级用水在运输过程中应避免沾污。

二、实验室化学试剂

1. 化学试剂的概念及分类

试剂，又称化学试剂或试药，主要是实现化学反应、分析化验、研究试验、教学实验、化学配方使用的纯净化学品。化学试剂的品种繁多，根据国家标准 GB15346—2012《化学试剂包装及标志》化学试剂可分为 5 个等级，其等级、适用范围、符号及标签颜色见表 3—1—2。

表 3—1—2　化学试剂的等级、适用范围、符号及标签颜色

等级	适用范围	符号	标签颜色
标准试剂（基准试剂）	用于衡量其他物质化学量的标准物质	PT	浅绿色
优级纯试剂	精密科学研究和测定工作分析	GR	绿色
分析纯试剂	常用分析试剂	AR	红色
化学纯试剂	品质较分析纯试剂差	CP	蓝色
专用试剂	在特定的用途中，干扰杂质成分只需控制在不致产生明显干扰的限度以下	SP：光谱纯试剂 GC：色谱纯试剂 BR：生物试剂	无统一规定

根据检验方法的规定，正确合理地选择使用试剂，不要盲目地追求高纯度。食品检验中常使用分析纯试剂。例如：配制铬酸洗液，只需工业用的重铬酸钾和工业用硫酸，若用 AR 级则造成浪费；滴定分析常用的标准溶液，用 AR 级则配制，D 级 PT 试剂标定。

2. 试剂的管理和存放

化学试剂大多数具有一定的毒性及危险性。对化学试剂加强管理，不仅是保证分析结果质量的需要，也是确保人民生命财产安全的需要。

化学试剂的管理应根据试剂的毒性、易燃性、腐蚀性和潮解性等不同的特点，以不同的方式妥善管理。

化验室内只宜存放少量短期内需用的药品，易燃易爆试剂应放在铁柜中，柜的顶部要有通风口。严禁在化验室内存放总量 20 L 及其以上的瓶装易燃液体。大量试剂应放在试剂库内。化学试剂必须分类隔离存放。

三、溶液的基本知识

1. 溶液的概念及分类

溶液是指溶质以分子、原子或离子状态分散于另一种物质（溶剂）中构成的均匀而又稳定的体系。

溶剂是用来溶解另一种物质的物质（试剂），如用盐和水配制盐水，水就是溶剂。溶质是被溶剂溶解的物质，如用盐和水配制盐水，盐就是溶质。两种溶液互溶时，一般把量多的一种叫溶剂，量少的一种叫溶质。

按溶剂状态不同，分为固态溶液、液态溶液、气态溶液；按溶质在溶剂中分散颗粒的大小，分为真溶液、胶体溶液和悬浮液；按溶液在滴定分析中的用途，分为标准溶液、一般溶液和指示剂溶液。

2. 一般溶液

用来控制化学反应的条件，在样品处理、萃取、分离、净化等操作中使用，其浓度要求不必准确到四位有效数字的溶液为一般溶液。

3. 一般溶液浓度的表示与计算

（1）质量分数（m/m，%）

指溶质的质量占溶液质量的百分率。例如，4% 的氯化钠溶液是指 100 g 氯化钠溶液中含 4 g 氯化钠，计算公式为：

$$w_1=\frac{m_1}{m}\times100\%$$

式中 w_1——氯化钠溶液的质量分数，%；

m_1——氯化钠的质量，g；

m——溶液的质量，g。

【例】 配制 50 g 10% 硫酸亚铁溶液。

解：从题目可知，硫酸亚铁溶液的质量分数 w_1=10%，质量 m=50 g，则硫酸亚铁的质量 m_1=50 × 10%=5（g），蒸馏水的质量 $m-m_1$=50−5=45（g）。

配制：准确称取硫酸亚铁 5 g，加蒸馏水 45 g，混匀。

【例】 配制 200 mL 质量分数为 30% 硫酸溶液（市售硫酸溶液的相对密度是 1.84，质量分数是 96%，质量分数为 30% 的硫酸溶液的相对密度是 1.22）。

解：由于浓溶液取用量以量取体积较为方便，故一般需查阅酸、碱溶液浓度—密度关系表，依据溶质的总量在稀释前后不变，进行体积计算。即

$$V_0\rho_0 w_0=V\rho w$$

式中 V_0，V——溶液稀释前后的体积，mL；

ρ_0，ρ——溶液稀释前后的密度，g/mL；

w_0，w——溶液稀释前后的质量分数，%。

从题目可知，稀释前的硫酸溶液质量分数 w_0=96%，相对密度 ρ_0=1.84，稀释后的硫酸溶液质量分数 w=30%，相对密度 ρ=1.22，体积 V=200 mL，则稀释前的硫酸溶液的体积 V_0=（200×1.22×30%）/（1.84×96%）=41.4（mL）。

配制：准确量取浓硫酸 41.4 mL，缓慢倒入适量蒸馏水中，冷却后，用蒸馏水稀释至 200 mL。注意：切不可将水往浓硫酸中倒，以防浓硫酸溅出伤人。

（2）体积分数（V/V，%）

指溶质的体积占溶液体积的百分率。例如，体积分数为 65% 的乙醇溶液是指 100 mL 乙醇溶液中含 65 mL 无水乙醇，计算公式为：

$$w_2=\frac{V_1}{V_2}\times 100\%$$

式中 w_2——乙醇的体积分数，%；

V_1——无水乙醇的体积，mL；

V_2——乙醇溶液的体积，mL。

【例】 配制 500 mL 40% 三氯乙醇溶液。

解：从题目可知，三氯乙醇溶液的体积分数浓度 w_2=40%，三氯乙醇溶液的体积 V_2=500 mL，则三氯乙醇体积 V_1=500×40%=200（mL），蒸馏水的体积，V = 500−200 = 300（mL）。

配制：准确量取三氯乙醇 200 mL，加蒸馏水 300 mL，混匀。

（3）质量浓度（m/v，g/L）

指单位体积溶液中所含溶质的质量的浓度。例如，5 g/L 硫酸铜溶液是指 1 L 硫酸铜溶液中含有 5 g 硫酸铜药品，计算公式为：

$$\rho_1=\frac{m_2}{V_3}\times 1\,000$$

式中 ρ_1——硫酸铜溶液的质量浓度，g/L；

m_2——硫酸铜的质量，g；

V_3——溶液的体积，mL。

【例】 配制 100 mL 5 g/L 无水碳酸钠溶液。

解：从题目可知，无水碳酸钠溶液的质量浓度 ρ_1=5 g/L，体积 V_3=100 mL，则硫酸铜的质量 m_2=5×100/1 000=0.5（g）。

配制：准确称取无水碳酸钠 0.5 g，加蒸馏水稀释至 100 mL，混匀。

（4）物质的量浓度（n/V，mol/L）

指单位体积溶液中所含溶质物质的量。例如，0.1 mol/L 高锰酸钾溶液是指 1 L 高锰酸钾溶液中含有 4 mol 的高锰酸钾，计算公式为：

$$n=\frac{m_3}{M}$$

$$c=\frac{n}{V_4}$$

式中 c——高锰酸钾的物质的量浓度，mol/L；

n——高锰酸钾的物质的量，mol；

V_4——高锰酸钾溶液的体积，L；

m_3——高锰酸钾的质量，g；

M——高锰酸钾的式量。

【例】 配制 100 mL 0.1 mol/L 氢氧化钠溶液。

解：从题目可知，氢氧化钠溶液的物质的量浓度 c=0.1 mol/L，体积 V_4=100 mL，氢氧化钠的式量 M=40，则氢氧化钠的质量 m_3=c40 V_4=0.1×40×100/1 000=0.4（g）。

配制：准确称取氢氧化钠 0.4 g，加蒸馏水稀释至 100 mL，混匀。

【例】 配制 200 mL 0.5 mol/L 盐酸溶液。

解：由于浓溶液取用量以量取体积较为方便，故一般需查阅浓溶液浓度—物质的量关系表，依据溶液在稀释前后，其中溶质的物质的量不变，进行体积运算。即

$$c_0V_0=cV$$

式中 c_0，c——溶液在稀释前后的浓度，mol/L；

V_0，V——溶液在稀释前后的体积，mL。

从题目可知，浓盐酸的物质的量 c_0=12 mol/L，稀释后盐酸的物质的量 c=0.5 mol/L，稀释后盐酸的体积 V=200 mL，浓盐酸的体积 V_0=0.5×200/12=8.3（mL）。

配制：准确量取浓盐酸 8.3 mL，缓慢倒入适量蒸馏水中，冷却后，用蒸馏水稀释至 200 mL。注意：切不可将水往浓盐酸中倒，以防浓盐酸溅出伤人。

（5）比例浓度（$V+V$、$m+m$）

容量比（$V+V$）是液体试剂相互混合或用溶剂稀释时的表示方法。质量比（$m+m$）是固体试剂相互混合时的表示方法，计算公式为：

$$\frac{V_5(m_4)}{V_6(m_5)}=\frac{A}{A+B}$$

式中　V_5（m_4）——溶液溶质的体积（固体混合物中 A 比例的物质质量），mL（g）；

V_6（m_5）——溶液配制后的总体积，mL（g）；

A——溶液溶质的比例数值；

B——溶液溶剂的比例数值。

【例】　配制 40 mL（1＋3）乙酸溶液。

解：从题目可知，乙酸溶液的总体积 V_6=40 mL，乙酸的比例数值 A=1，蒸馏水的比例数值 B=3，则乙酸的体积 $V_5=40\times\frac{1}{1+3}=10$ (mL)，蒸馏水的体积 V_6-V_5=30(mL)。

配制：准确量取乙酸 10 mL，缓慢倒入 30 mL 蒸馏水中，混匀。

四、一般溶液的配制步骤

1. 计算

计算配制所需固体溶质的质量或液体浓溶液的体积。

2. 称量

固体用天平，液体用量筒（或滴定管 / 移液管）移取。

3. 溶解

在烧杯中溶解或稀释溶质，恢复至室温（如不能完全溶解可适当加热）。

4. 转移

将烧杯内冷却后的溶液沿玻璃棒小心转入一定体积的容量瓶中（玻璃棒下端应靠在容量瓶刻度线以下）。

5. 洗涤

用蒸馏水洗涤烧杯和玻璃棒 2～3 次，并将洗涤液转入容器中，振荡，使溶液混合均匀。

6. 定容

向容量瓶中加水至刻度线以下 2～3　cm 处时，改用胶头滴管加水，使溶液凹面恰好与刻度线相切。

7. 摇匀

盖好瓶塞，用食指顶住瓶塞，另一只手的手指托住瓶底，反复上下颠倒，使溶液混合均匀。

最后将配制好的溶液倒入试剂瓶中，贴好标签。

【任务实施】

一、实验准备

1. 仪器

电子天平、量筒、容量瓶、玻璃棒、烧杯、试剂瓶。

2. 试剂

氯化钠、无水乙醇、硫酸铜、高锰酸钾、浓盐酸。

二、100 mL 4% 氯化钠溶液的配制

配图	实验步骤	操作说明
	（1）计算：根据质量分数溶液计算公式$w_1=\frac{m_1}{m}\times100\%$，所需试剂的量如下表： <table><tr><td>试剂名称</td><td>计算结果</td></tr><tr><td>氯化钠</td><td>4 g</td></tr><tr><td>蒸馏水</td><td>96 g</td></tr></table>	计算过程要认真、仔细，避免因计算错误造成氯化钠溶液配制的失败
	（2）称取 4.0 g 氯化钠固体药品于烧杯中	精确到 ±0.1 g

续表

<table>
<tr><th>配图</th><th>实验步骤</th><th>操作说明</th></tr>
<tr><td>
</td><td>（3）称取 96 g 蒸馏水于烧杯中</td><td>精确到 ±0.1 g</td></tr>
<tr><td></td><td>（4）将称量好的蒸馏水倒入盛有氯化钠的烧杯中，搅拌至溶解</td><td>搅拌过程切勿将液体溅出</td></tr>
<tr><td></td><td>（5）装于试剂瓶中，贴标签，备用</td><td>存放于试剂柜中</td></tr>
</table>

三、100 mL 65% 乙醇溶液的配制

<table>
<tr><th>配图</th><th>实验步骤</th><th>操作说明</th></tr>
<tr><td></td><td>（1）计算：根据体积分数溶液计算公式 $w_2=\frac{V_1}{V_2}\times100\%$，所需试剂的量如下表：
<table>
<tr><th>试剂名称</th><th>计算结果</th></tr>
<tr><td>无水乙醇</td><td>65 mL</td></tr>
</table></td><td>计算过程要认真、仔细，避免因计算错误造成乙醇溶液配制的失败</td></tr>
</table>

续表

配图	实验步骤	操作说明
	（2）用量筒准确量取 65 mL 无水乙醇溶液，置于烧杯中	无水乙醇易挥发，注意量取过程要迅速，以免有较大误差
	（3）用量筒量取 35 mL 蒸馏水	防止水滴溅出
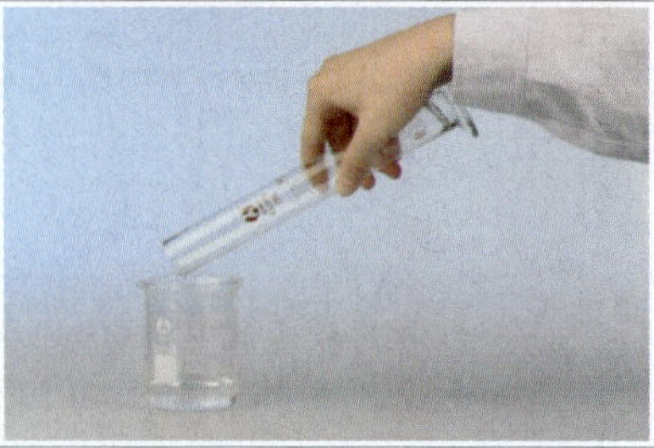	（4）倒入烧杯中	量筒口需倚靠烧杯内壁，沥干 1～2 min
	（5）装于试剂瓶中，贴标签，备用	存放于试剂柜中

四、100 mL 5 g/L 硫酸铜溶液的配制

<table>
<tr><th>配图</th><th>实验步骤</th><th>操作说明</th></tr>
<tr><td></td><td>（1）计算：根据质量浓度溶液计算公式 $\rho_1=\frac{m_2}{V_3}\times1\ 000$，所需试剂的量如下表：<table><tr><td>试剂名称</td><td>计算结果</td></tr><tr><td>硫酸铜</td><td>0.5 g</td></tr></table></td><td>计算过程要认真、仔细，避免因计算错误造成硫酸铜溶液配制的失败</td></tr>
</table>

续表

配图	实验步骤	操作说明
	（2）称取 0.500 g 硫酸铜置于称量纸上	精确到 ±0.001 g
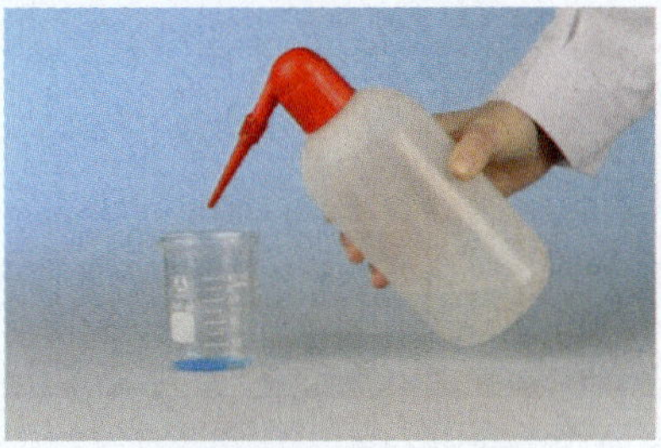	（3）倒入烧杯中，用少量蒸馏水进行溶解	蒸馏水不可超过 100 mL
	（4）溶解充分后，将溶液沿玻璃棒转移到 100 mL 容量瓶中	小心转移，防止漏出液体
	（5）用蒸馏水洗涤烧杯和玻璃棒，并将洗涤液转入容器中，振荡，使溶液混合均匀	用蒸馏水洗涤烧杯和玻璃棒 2 ~ 3 次

续表

配图	实验步骤	操作说明
	（6）向容量瓶中加水至刻度线以下 1 ~ 2 cm 处时，改用胶头滴管加水，使溶液凹面恰好与刻度线相切。盖好瓶塞，反复上下颠倒，使溶液混合均匀	（1）读数时，不可俯视或仰视 （2）用食指顶住瓶塞，另一只手的手指托住瓶底，反复颠倒，混匀
	（7）装于试剂瓶中，贴标签，备用	存放于试剂柜中

五、100 mL 0.1 mol/L 高锰酸钾溶液的配制

<table>
<tr><th>操作关键点图</th><th>实验步骤</th><th>操作说明</th></tr>
<tr><td></td><td>（1）计算：根据物质的量浓度溶液计算公式 $c=\frac{n}{V_4}$，所需试剂量如下表：<table><tr><th>试剂名称</th><th>计算结果</th></tr><tr><td>高锰酸钾</td><td>1.58 g</td></tr></table></td><td>计算过程要认真、仔细，避免因计算错误造成高锰酸钾溶液配制的失败</td></tr>
<tr><td></td><td>（2）准确称取 1.580 0 g 高锰酸钾于烧杯中</td><td>精确到 ±0.000 1 g</td></tr>
</table>

续表

操作关键点图	实验步骤	操作说明
	（3）用少量蒸馏水进行溶解。以下步骤同 5 g/L 硫酸铜溶液的配制	溶解所需的蒸馏水体积切勿超出 1 000 mL

六、（1 + 3）盐酸溶液 40 mL 配制

<table>
<tr><th>配图</th><th>实验步骤</th><th>操作说明</th></tr>
<tr><td></td><td>（1）计算：根据比例浓度溶液计算公式 $\frac{V_5(m_4)}{V_6(m_5)}=\frac{A}{A+B}$，所需试剂量如下表：
<table>
<tr><th>试剂名称</th><th>计算结果</th></tr>
<tr><td>盐酸</td><td>10 mL</td></tr>
<tr><td>蒸馏水</td><td>30 mL</td></tr>
</table></td><td>计算过程要认真、仔细，避免因计算错误造成盐酸溶液配制的失败</td></tr>
<tr><td></td><td>（2）量取 30 mL 蒸馏水于烧杯中</td><td>量筒口需靠烧杯内壁，沥干 1 ~ 2 min</td></tr>
<tr><td></td><td>（3）量取 10 mL 浓盐酸</td><td>浓盐酸是易挥发、易燃、强腐蚀性药品，使用时应在通风橱中操作</td></tr>
</table>

续表

配图	实验步骤	操作说明
	（4）倒入量取好的蒸馏水中，溶解备用	将盐酸倒入水中，边倒边搅拌
	（5）装于试剂瓶中，贴标签，备用	存放于试剂柜中

【考核评价】

素质	内容 学习目标	评价项目	评价 自我评价30%	 小组评价30%	 教师评价40%
知识20分	应知应会	1. 了解实验室用水的规格、取样和储存 2. 了解实验室化学试剂的分类 3. 掌握一般溶液浓度的表示方法 4. 能配制质量分数、体积分数、质量浓度、物质的量浓度和比例浓度的溶液			
专业能力60分	准备工作10分	1. 仪器、试剂准备充分 2. 容量瓶使用前试漏			
	电子天平的使用10分	1. 电子天平使用前准备 2. 电子天平使用规范			
	溶液配制20分	一般溶液配制方法正确			
	操作规范10分	1. 操作流程熟练 2. 操作规范			
	遵守安全、卫生要求10分	1. 具有安全防护意识 2. 卫生规范			

续表

素质	内容		评价		
	学习目标	评价项目	自我评价 30%	小组评价 30%	教师评价 40%
通用能力 10 分	语言能力	专业术语表达准确			
	合作能力	与同学互相配合，团结互助			
	解决问题能力	及时发现问题、解决问题			
态度 10 分	工作态度	认真、细致、诚实			
总分					
平均分					

【思考与练习】

一、计算题

1．现有 8 mol/L 浓硫酸 10 mL，可以配制 2 mol/L 的硫酸多少毫升？

2．欲配制 5% 的冰乙酸 200 mL，如何配制？

二、实训题

1．配制 20%（m/V%）的碘化钾溶液 50 mL。

2．配制 10 g/L 酚酞指示剂 50 mL。

提示：用 95% 乙醇溶液进行溶解。

3．配制 0.1 mol/L 氢氧化钠溶液 100 mL。

任务 2　标准溶液的配制与标定

【学习目标】

1．了解标准溶液的配制过程及要求，了解基准物质的概念。

2．理解氢氧化钠和盐酸标准溶液标定的原理。

3．能配制氢氧化钠和盐酸标准溶液。

4．能判断指示剂的指示终点。

5．在教师指导下，以小组协作方式，根据国家标准规定的方法，完成氢氧化钠和盐酸溶液的标定。

【任务引入】

标准溶液是用来测定物质含量的具有准确浓度的溶液。现在实验室需要完成下面两个任务：

1．0.1 mol/L 氢氧化钠标准溶液的配制与标定。

2．0.1 mol/L 盐酸标准溶液的配制与标定。

【任务分析】

标准溶液的准确浓度直接影响分析结果的准确度。因此，标准溶液的配制在要求、方法和基准物质方面都有严格的规定。在氢氧化钠标准溶液的配制中，固体 NaOH 具有很强的吸湿性，且易吸收空气中的水分和 CO_2，因而常含有 Na_2CO_3，且含少量的硅酸盐、硫酸盐和氯化物，因此不能直接配制成准确浓度的溶液，而只能配制成近似浓度的溶液然后用基准物质进行标定，以获得准确浓度的氢氧化钠溶液；盐酸标准溶液的配制中，市售盐酸中 HCl 含量不稳定，且常含有杂质，应用基准物质标定，确定其浓度。

标准溶液的配制与标定可依据标准 GB/T 601—2002《化学试剂标准滴定溶液的制备》进行。

【相关知识】

一、基准物质

基准物质是分析化学中用于直接配制标准溶液或标定滴定分析中操作溶液浓度的物质，是一种高纯度的，其组成与它的化学式高度一致的性质稳定的物质（例如一级品或纯度高于一级品的试剂）。

1．基准物质应符合五项要求

（1）纯度（质量分数）应大于等于 99.9%。

（2）其组成与它的化学式完全相符，如含有结晶水，其结晶水的含量均应符合化学式。

（3）性质稳定，一般情况下不易失水、吸水或变质，不与空气中的氧气及二氧化碳反应。

（4）参加反应时，应按反应式定量地进行，没有副反应。

（5）要有较大的摩尔质量，以减小称量时的相对误差。

2．常用的基准物质

常用的基准物质包括银、铜、锌、铝、铁等纯金属及氧化物、重铬酸钾、碳酸钾、氯化钠、邻苯二甲酸氢钾、草酸、硼砂等纯化合物。

二、标准溶液的配制方法

1. 直接法

准确称取一定量的基准物质，经溶解后，定量转移于一定容积的容量瓶中，用去离子水稀释至刻度。根据溶质的质量和容量瓶的容积（更准确地说是容量），即可计算出该标准溶液的准确浓度。

2. 标定法

用来配制标准滴定溶液的物质大多数是不能满足基准物质条件的，需要采用标定法（又称间接法）。这种方法是先大致配成所需浓度的溶液，然后用基准物质或另一种标准溶液来确定它的准确浓度。

三、配制标准溶液的一般规定

1．在 GB/T 601—2002 标准中，除另有规定外，所用试剂的纯度应在分析纯以上，所用制剂及制品，应按 GB/T 603—2002 的规定制备，实验室用水应符合 GB/T 6682—2008 中三级水的规格。

2．GB/ T601—2002 中制备的标准滴定溶液的浓度，除高氯酸外，均指 20℃时的浓度。标准滴定溶液标定、直接制备和使用时所用的分析天平、滴定管、容量瓶等均须定期校正。

3．在标定和使用标准滴定溶液时，滴定速度一般应保持在 6 ～ 8 mL/min。

4．称量工作基准试剂的质量的数值小于等于 0.5 g 时，按精确至 0.01 mg 称量；数值大于 0.5 g 时，按精确至 0.1 mg 称量。

5．制备标准滴定溶液的浓度值应在规定浓度值的 ±5% 范围以内。

6．标定标准滴定溶液的浓度时，须两人进行实验，分别各做四平行，每人四平行测定结果极差的相对值不得大于重复性临界极差的相对值 0.15%，两人共八平行测定结果极差的相对值不得大于重复性临界极差的相对值 0.18%。取两人八平行测定结果的平均值为测定结果。在运算过程中保留五位有效数字，浓度值报出结果取四位有效数字。

7．标准滴定溶液浓度平均值的扩展不确定度一般不应大于 0.2%。

8．使用工作基准试剂标定标准滴定溶液的浓度。当对标准滴定溶液浓度值的准确度有更高要求时，可使用二级纯度标准物质或定值标准物质代替工作基准试剂进行标定或直接制备，并在计算标准滴定溶液浓度值时，将其质量分数代入计算式中。

9．标准滴定溶液的浓度小于等于 0.02 mol/L 时， 应于临用前将浓度高的标准滴定溶液用煮沸并冷却的水稀释， 必要时重新标定。

10．标准滴定溶液在常温（15 ～ 25℃）下保存时间一般不超过两个月。当溶液出现浑浊、沉淀、颜色变化等现象时，应重新制备。

11．储存标准滴定溶液的容器，其材料应不与溶液起理化作用，壁厚最薄处不小于 0.5 mm。

四、标准溶液标定原理

1. 氢氧化钠标准溶液标定的原理

由于氢氧化钠溶液中碳酸钠的存在，会影响实验测定的准确度，所以以邻苯二甲酸氢钾为基准物标定氢氧化钠溶液，可获得准确的氢氧化钠浓度。

测定反应式为：

$$KHC_8H_4O_4 + NaOH = NaKC_8H_4O_4 + H_2O$$

由反应可知，1 mol（$KHC_8H_4O_4$）与 1 mol NaOH 完全反应。到化学计量点时，溶液呈碱性，pH 值约为 9，可选用酚酞作指示剂，滴定至溶液由无色变为浅粉色，30 s 不褪色即为滴定终点。

2. 盐酸标准溶液标定的原理

用酸式滴定管中的 0.1 mol/L 盐酸溶液滴定锥形瓶中的含有溴甲酚绿—甲基红混合指示剂的碳酸钠，至溶液由绿色变为暗红色（或由黄色变为橙色），加热煮沸 2 min，冷却后继续滴定至溶液呈暗红色（或橙色）为终点。由于溴甲酚绿—甲基红混合指示剂的变色点为 pH 值 =3.9。

测定反应式为：

$$2HCl + Na_2CO_3 = 2NaCl + H_2CO_3$$

【任务实施】

一、0.1 mol/L 氢氧化钠标准溶液的配制与标定

1. 实验准备

（1）仪器

电热干燥箱、分析天平、干燥器、称量瓶、滴定管、铁架台、锥形瓶、量筒、容量瓶。

（2）试剂及其配制

1）邻苯二甲酸氢钾。

2）无水乙醇。

3）酚酞指示剂：10 g/L 乙醇溶液。

4）0.1 mol/L 氢氧化钠溶液：称取 110 g 氢氧化钠溶于 100 mL 无二氧化碳的水中，摇匀，注入聚乙烯容器中，密闭放置至溶液清亮。按表 3—2—1 的规定，用塑料管量取上层清液，用无二氧化碳的水稀释到 1 000 mL，摇匀。

表 3—2—1　　不同浓度氢氧化钠溶液配制表

氢氧化钠标准滴定溶液的浓度 [*c*（NaOH）]（mol/L）	氢氧化钠溶液的体积 *V*（mL）
1	54
0.5	27
0.1	5.4

2. 0.1 mol/L 氢氧化钠溶液的标定

配图	实验步骤	操作说明
	（1）邻苯二甲酸氢钾的前处理： 于 105 ~ 110℃电烘箱中干燥至恒重的邻苯二甲酸氢钾，置于干燥器中冷却后备用	注意电烘箱的使用规范
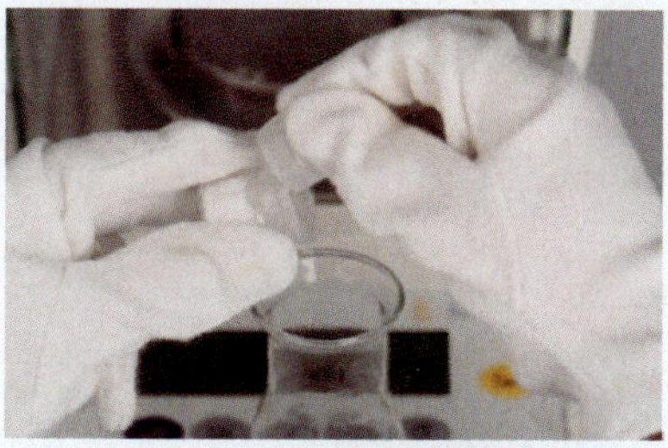 	（2）0.1 mol/L 氢氧化钠溶液的标定： 1）按表 3—2—2 的规定称取邻苯二甲酸氢钾固体药品，并加入相应体积的无二氧化碳水	1）精确至 ±0.000 1 g 2）无二氧化碳的水可用新沸过的冷水制成

续表

<table>
<tr><th>配图</th><th>实验步骤</th><th>操作说明</th></tr>
<tr><td></td><td>2）加 2 滴酚酞指示剂</td><td>酚酞的变色范围是 pH 值 8.2 ~ 10.0</td></tr>
<tr><td></td><td>3）用配制好的氢氧化钠溶液滴定至溶液呈粉红色，并保持 30 s。同时做空白试验</td><td>1）操纵活塞时手的姿势正确，手心不能顶活塞
2）空白实验数值不能太高，若是太高，应找出原因，重新测定</td></tr>
</table>

表 3—2—2　　邻苯二甲酸氢钾的用量

NaOH 浓度（mol/L）	邻苯二甲酸氢钾的质量（g）	无二氧化碳水的体积（mL）
1	7.5	80
0.5	3.6	80
0.1	0.75	50

3．数据分析及处理

（1）测定数据记录

表 3—2—3　　氢氧化钠标定原始记录表

<table>
<tr><td>检验依据</td><td></td><td>检测项目</td><td></td></tr>
<tr><td>仪器名称</td><td></td><td>仪器型号</td><td></td></tr>
<tr><td>样品编号
名称</td><td>Ⅰ</td><td>Ⅱ</td><td>Ⅲ</td></tr>
<tr><td>邻苯二甲酸氢钾，g</td><td></td><td></td><td></td></tr>
<tr><td>滴定消耗 NaOH 溶液的体积，mL</td><td></td><td></td><td></td></tr>
</table>

续表

名称 \ 样品编号	Ⅰ	Ⅱ	Ⅲ
空白消耗 NaOH 溶液的体积，mL			
NaOH 溶液的浓度，mol/L			
NaOH 溶液的平均浓度，mol/L			

（2）结果计算

氢氧化钠标定计算公式如下：

$$C_{NaOH}=\frac{m_1\times 1\ 000}{(V_1-V_2)\times 204.22}$$

式中　m_1——基准邻苯二甲酸氢钾的质量，g；

V_1——氢氧化钠溶液的用量，mL；

V_2——空白试验中氢氧化钠溶液的用量，mL；

204.22——邻苯二甲酸氢钾摩尔质量；

C_{NaOH}——氢氧化钠标准溶液的浓度，mol/L。

（3）注意事项

计算结果表示到小数点后四位。

（4）异常点分析及处理

检测结果偏高或偏低，应检查：滴定管是否漏液或下端是否没有充满液体；读数方式是否正确；计算是否有错误。如无以上错误则复检。

二、0.1 mol/L 盐酸标准溶液的配制与标定

1. 实验准备

（1）仪器。马弗炉、分析天平、干燥器、称量皿、滴定管、铁架台、锥形瓶、量筒、容量瓶。

（2）试剂及其配制

1）无水碳酸钠。

2）溴甲酚绿—甲基红混合指示剂：0.1% 的溴甲酚绿乙醇溶液与 0.1% 的甲基红乙醇溶液以 3∶1 的比例混合，备用。

3）0.1 mol/L 盐酸溶液：按表 3—2—4 的规定量取盐酸，注入 1 000 mL 水中，摇匀。

表 3—2—4 盐酸标准溶液配制

盐酸标准滴定溶液的浓度 [c（HCl）]/（mol/L）	盐酸的体积 V/（mL）
1	90
0.5	45
0.1	9

2. 0.1 mol/L 盐酸的标定

配图	实验步骤	操作说明
	（1）基准无水碳酸钠的前处理：于 270~300 ℃马弗炉中灼烧至恒重的无水碳酸钠	注意马弗炉的使用安全
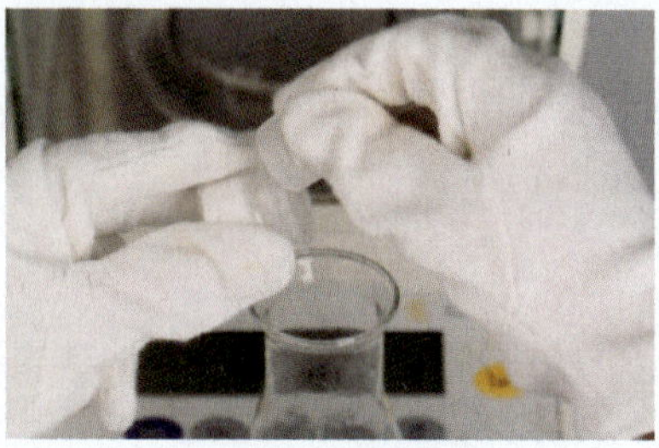	（2）0.1 mol/L 盐酸溶液的标定： 1）按表 3—2—5 的规定称取恒重后的无水碳酸钠	精确至 ±0.000 1 g
	2）加 50 mL 的蒸馏水，搅拌溶解	小心搅拌

续表

配图	实验步骤	操作说明
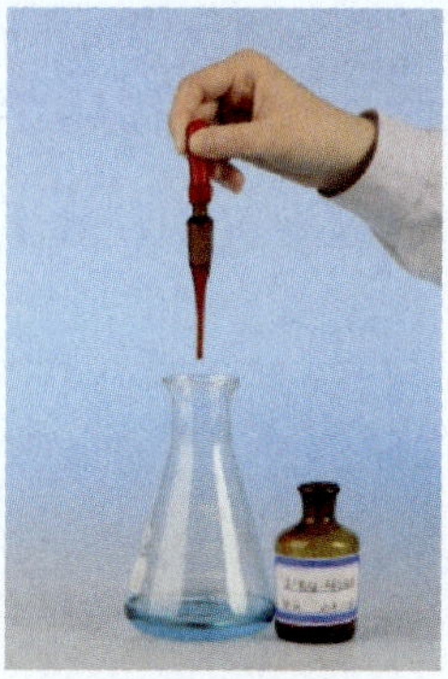	3）加10滴溴甲酚绿—甲基红指示剂	溶液变色
	4）用配制好的盐酸溶液滴定至溶液变为暗红色，煮沸2 min，冷却后继续滴定至溶液呈暗红色。同时做空白试验	①操纵活塞时手的姿势正确，手心不能顶活塞 ②空白实验数值不能太高，若是太高，应找出原因，重新测定

表3—2—5 无水碳酸钠的用量

HCl浓度（mol/L）	无水碳酸钠的质量（g）
1	1.9
0.5	0.95
0.1	0.2

3. 数据分析及处理

（1）测定数据记录

表 3—2—6　　盐酸标定原始记录表

检验依据		检测项目	
仪器名称		仪器型号	
样品编号 / 名称	Ⅰ	Ⅱ	Ⅲ
无水碳酸钠，g			
滴定消耗盐酸溶液的体积，mL			
空白消耗盐酸溶液的体积，mL			
盐酸溶液的浓度，mol/L			
盐酸溶液的平均浓度，mol/L			

（2）结果计算。盐酸标定计算公式如下：

$$C_{HCl}=\frac{m_2\times 1\ 000}{(V_3-V_4)\times 52.994}$$

式中　m_2——基准无水碳酸钠的质量，g；

V_3——盐酸溶液的用量，mL；

V_4——空白试验中盐酸溶液的用量，mL；

52.994——无水碳酸钠的摩尔质量；

C_{HCl}——盐酸标准溶液的浓度，mol/L。

（3）注意事项。计算结果表示到小数点后四位。

（4）异常点分析及处理。检测结果偏高或偏低，应检查：滴定管是否漏液或下端是否没有充满液体；读数方式是否正确；计算是否有错误。如无以上错误则复检。

【考核评价】

素质	内容	评价项目	评价		
	学习目标		自我评价 30%	小组评价 30%	教师评价 40%
知识 20 分	应知应会	1. 了解标准溶液的配制方法及规定 2. 了解氢氧化钠和盐酸溶液标定的原理 3. 能配制和标定氢氧化钠溶液和盐酸溶液 4. 能判断指示剂的指示终点			

续表

素质	内容	评价项目	评价		
	学习目标		自我评价30%	小组评价30%	教师评价40%
专业能力60分	准备工作10分	1. 仪器、试剂、样品准备充分 2. 正确配制试剂			
	仪器使用10分	1. 熟练使用电子天平 2. 熟练使用电热恒温干燥箱 3. 熟练使用马弗炉			
	操作规范30分	1. 熟练掌握标准溶液配制的操作流程 2. 熟练掌握标准溶液标定的操作流程 3. 使用滴定管的操作要规范			
	遵守安全、卫生要求10分	1. 具有安全防护意识 2. 卫生规范			
通用能力10分	语言能力	专业术语表达准确			
	合作能力	与同学互相配合，团结互助			
	解决问题能力	及时发现问题、解决问题			
态度10分	工作态度	认真、细致、诚实			
总分					
平均分					

【思考与练习】

一、计算题

1．有 0.120 0 mol/L 的 NaOH 标准溶液 200 mL，欲使其浓度稀释到 0.100 0 mol/L，问要加水多少 mL？

2．称取硫黄固体 2.000 g，燃烧生成的 SO_2 用 50.00 mL 0.010 00 mol/L NaOH 吸收，过量的 NaOH 以酚酞为指示剂，用 0.010 00 mol/L HCl 回滴，用去 30.00 mL，求硫黄中硫的质量分数。

二、实训题

1． 0.5 mol/L NaOH 溶液的配制与标定。

提示：操作方法同 0.1 mol/L NaOH 溶液的配制与标定。

2． 1 mol/L HCl 溶液的配制与标定。

提示：操作方法同 0.1 mol/L HCl 溶液的配制与标定。

项目四

样品的制备与预处理

任务1　样品的制备

【学习目标】

1. 了解样品采集及样品制备的目的、意义。
2. 掌握采样的步骤。
3. 掌握样品制备的方法。
4. 能根据方法进行样品制备。

【任务引入】

实验室现需要完成以下两项样品制备任务：

1．某食用油厂新生产一批大豆油，委托你所在实验室对该批产品进行相关指标检测，现需要对样品进行制备。

2．某罐头厂新生产一批水果罐头，委托你所在实验室对该批产品进行相关指标检测，现需要对样品进行制备。

请选择合适的样品制备方法，完成大豆油、罐头样品的制备。

【任务分析】

要进行样品的制备，需先进行样品的采集。食用大豆油的样品制备须依据国标GB/T 15687—2008《动植物油脂 试样的制备》进行，该标准规定了动、植物油脂的实验室样品制备和试样的方法和步骤，该方法也适用于除乳化脂肪以外的其他油脂产品。水果罐头属于固相和液相分开的制品，水果罐头样品的制备须依据国标GBT 10786—2006《罐头食品的检验方法》中固相和液相分开的食品制备方法进行。

【相关知识】

一、样品采集

样品的采集简称采样，所谓采样是指从整批被检食品中抽取一定量有代表性的样品，供分析化验用。

样品的采集是食品检验的第一项工作，它关系到食品检验的最后结果是否能够准确地反映它所代表的整批食品的性状。食品的种类繁多，且组成很不均匀。尽管一系列检验工作非常精密、准确，但如果采样方法不正确，试样不具有代表性，则其检验结果也将毫无意义。因此，采用正确的采样技术采集样品尤为重要。采样的正确与否，是检验工作成败的关键。

1. 采样要求

（1）采样必须注意生产日期、批号、代表性和均匀性（掺伪食品和中毒样品除外）。采集的数量应能反映该食品的卫生质量并能满足检验项目对样品的要求，一式三份，供检验、复验、备查或仲裁，一般散装样品每份不少于 0.5 kg。

（2）采样容器根据检验项目，选用硬质玻璃瓶或聚乙烯制品。

（3）小包装食品送检时要保持原包装的完整，并附上原包装上的一切商标及说明，供检验人员参考。

（4）盛放样品的容器不得含有待测物质和干扰物，所有采样工具应清洁、干燥、无味。在检验之前应防止一切有害物质或干扰物质带入样品。

（5）采样时，应认真填写采样记录。采样记录内容包括检验项目、品名，生产日期或批号、产品数量、包装类型及规格、储运条件及感官检查结果。还要写明采样单位和被采样单位的名称、地址、电话，采样日期、容器、数量，采样时的气象条件，检验项目、标准依据及采样人等。采样后要填写采样单一式两份，采样单位和采样人应签名盖章。无采样记录的样品，不得接受检验。

（6）采样后应迅速送检，尽量避免样品在检验前发生变化。

2. 采样步骤

食品采样的一般步骤为：

（1）获得检样。由整批食物的各个部分采取的少量样品称为检样。

（2）获得原始样品。把许多检样混在一起为原始样品。

（3）获得平均样品。原始样品经处理再抽取其中一部分作分析用的称平均样品。

（4）平均样品分成 3 份。1 份用于分析全部检测指标，称为“检验样品”；1

份用于分析结果有争议时进行复检，这份样品称为“复检样品”；第3份存档，需要封存保留一段时间（通常为1个月），以备有争议时再做验证，这份样品称为“保留样品”。

（5）填写采样记录。

3. 采样的方法

（1）采样的一般方法。样品的采集通常采用随机抽样的方法。所谓随机抽样是指在抽样过程中保证整批食品中的每一个个体都有被抽取的机会。抽取的样品必须均匀地分布在整批食品的各个部位。最常用的方法有简单随机抽样、分层随机抽样、系统随机抽样和阶段随机抽样。

1）简单随机采样。整批待测食品中的所有个体都以相同的被抽到的可能性的方法，叫简单随机采样，又称单纯随机采样。具体执行时又有直接采样法、抽签法和随机数表法等形式。

2）系统随机采样。实行简单随机抽样有困难或对样品随时间和空间的变化规律已经了解时，可采取每隔一定时间或空间间隔进行抽样，这种方法叫系统随机抽样。

3）分层随机采样。先将同一类食品划分为若干部分，这部分叫做层。同一层内的产品质量应尽可能均匀一致，各层间特征界限应明显。在各层内分别随机抽取一定数量的单位产品，然后合在一起即构成所需采取的原始样品，这种方法称为分层随机抽样。

4）分段随机采样。以群作为单位抽取一定数量的群，再从抽出的群中，按随机抽样方法抽取一定数量的组，再从每组中抽取一定数量的单位产品组成原始样品，这种抽样方法称为分段随机抽样方法。

上述方法并无严格界线，采样时可结合起来使用，在保证代表性的前提下，还应注意抽样方式的可行性和抽样技术的先进性。

（2）具体样品的抽取方法

1）有完整包装（桶、袋、箱）的食品。首先按总件数的一半的平方根确定采样件数，从样品堆放的不同部位采取到所需的包装样品后，再按下述方法采样：

①固体食品。如粮食和粉状食品，用双套回转取样管采样。每一包须由上、中、下三层取出三份检样，然后混合，用四分法缩分至所需数量（平均样品）。

②稠的半固体样品。如动物油脂、果酱等，启开包装后，用采样器从上、中、下三层分别取出检样，然后混合缩减至所需数量。

③液体样品。如鲜乳、酒或其他饮料、植物油等，充分混匀后采取一定量的样品混

合。用大容器盛装不便混匀的，可采用虹吸法分层取样，每层各取 500 mL 左右，装入小口瓶中混匀后，再分取缩减至所需数量。

2）散装固体样品。可根据堆放的具体情况，先划分为若干等体积层，然后在每层的四角和中心分别用双套回转取样管采取一定数量的样品，然后按四分法缩分至所需数量。

3）组成不均匀的食品。对肉类、水产、果品、蔬菜等组成不均匀的食品可视检验目的的不同，由被检物有代表性的各部位（肌肉、脂肪或果蔬的根、茎、叶等）分别采样，经捣碎、混匀后再缩减至所需数量。体积较小的样品，可随机抽取多个样品，切碎混匀后取样。有的项目还可在不同部位分别采样、分别测定。

4）罐头、瓶装食品或其他小包装食品。根据批号连同包装一起采样。同一批号取样数量，250 g 以上包装不得少由于 3 个，250 g 以下包装不得少于 6 个。

5）变质、污染的食品及食物中毒可疑食品。变质、污染的食品及食物中毒可疑食品，可根据检验目的，结合食品感官性状、污染程度、特征等分别采样，切忌与正常食品相混。

二、样品制备

样品的制备是指对数量过多、颗粒太大、组成不均匀的样品进行分取、粉碎、混匀、缩分，以取得平均样品的过程。

1. 样品制备的目的

许多食品各个部分的组分差异很大，所有采集的样品在化验之前必须经过制备过程。样品制备可保证样品十分均匀，使其在分析时取其任何部分，都能代表全部样品的成分。

2. 样品制备方法

进行样品的制备应根据待鉴定食品的性质和检测要求采用不同的制备方法，如摇动、搅拌、研磨、粉碎、捣碎、匀浆等。具体方法因产品类型而不同。

（1）固体样品的制备。可视情况采用切细、捣碎、粉碎、反复研磨等方法将样品研细并混合均匀。具体如下：大块样品要切细；谷类等硬度大的样品要粉碎；质地软含水量高的样品（如果蔬），要捣碎；肉类要用绞肉机绞碎。常用的工具有研钵、粉碎机、绞肉机、高速组织捣碎机等。

（2）液体、浆体或悬浮体。一般先将样品摇匀，或者用玻璃棒搅拌均匀，或者用电动磁力搅拌器搅匀。常用的搅拌工具有玻璃搅拌棒、电动搅拌器。

（3）含水量较低的食品。可用研钵或磨粉机磨碎并混合均匀。

（4）含水量较高的肉类、鱼类、禽类。须预先去除其非可食部分，洗净沥干，取可食部分放入绞肉机中绞匀。

（5）含水量较高的水果和蔬菜。清洗沥干，从不同的可食部位切取少量物料，混合后放入高速组织捣碎机中充分捣碎。

（6）蛋类。去壳后用打蛋器打匀。

（7）罐头食品。取可食部分，并取出各种调味料后再制备均匀。水果类罐头在捣碎前要先清除果核；肉禽罐头、鱼类罐头应先剔除骨头、鱼刺及调味品（葱、姜、辣椒等）后再捣碎、混匀。

（8）互不相溶的液体。分离后，分别采样。

需要注意的是，样品在制备前必须先除去其不可食用的部分，水果除去皮、核；鱼、肉禽类除去鳞、骨、毛、内脏等。

三、样品的保存

样品采集后应于当天分析，以防止其中水分或挥发性物质的散失以及待测组分含量的变化。如不能马上分析则应妥善保存，不能使样品出现受潮、挥发、风干、变质等现象，以保证测定结果的准确性。

制备好的平均样品应装在洁净、密封的容器内（最好用玻璃瓶），必要时储存于避光处，容易失去水分的样品应先取样测定水分；易腐败变质的可放在 0 ～ 5℃冰箱内，在不影响分析结果的前提下可适当加入防腐剂，或进行真空冷冻干燥保存；有冷冻要求的样品应冷冻保存；有些成分，如胡萝卜素、黄曲霉毒素、维生素 B_1、维生素 B_2 等，容易发生光解，要分析这些项目必须避光保存。

放样品的环境要良好，存放的样品应按日期、批号、编号摆放，以便查找。

总之，要保证样品的外观和化学成分不发生变化，分析结束后的剩余样品除易腐败变质者不予保留外，其他样品一般保存一个月，以备复查。

【任务实施】

一、大豆油样品的制备

1. 实验准备

电热干燥箱、无水硫酸钠和市售大豆油。

2. 操作步骤

配图	操作步骤	操作说明
	（1）混合。振摇装有样品的密闭容器，使样品尽可能均匀	将油脂样品混合，必要时在适当温度下加热，如果需要，可用过滤法分离去除不溶性物质
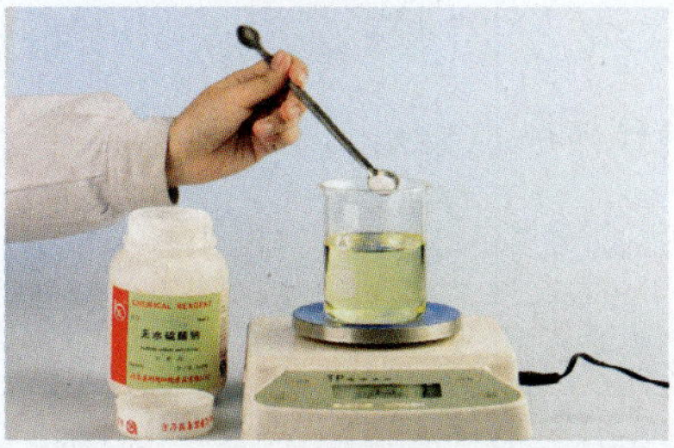	（2）干燥。按称取 10 g 混匀的样品，加入 1~2 g 的无水硫酸钠比例称取样品和无水硫酸钠	用无水硫酸钠干燥去除水分
	（3）置于高于熔点 10℃的干燥箱中	如果混合后的样品中含有水分，由于水分会影响某些测定项目（如碘价）的测定结果，因此应对样品进行干燥，干燥时间尽可能短。干燥温度不得超过 50℃
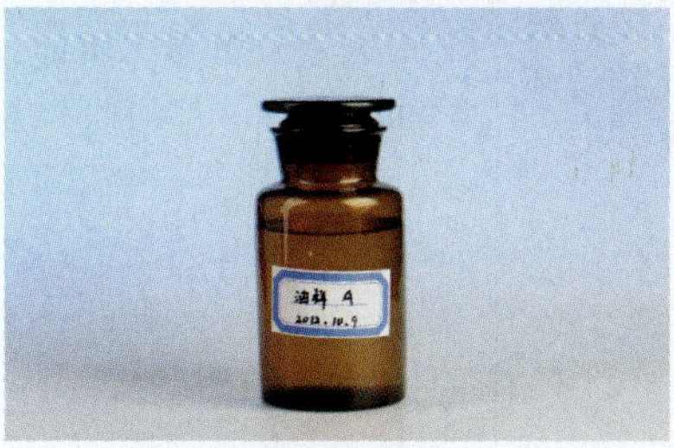	（4）置于已准备好的试剂瓶中，贴上标签，保存于冰箱内待测	

二、水果罐头样品的制备

1. 实验准备

组织捣碎机、市售水果罐头。

2. 操作步骤

配图	操作步骤	操作说明
	（1）取可食部分用小刀或剪刀切碎	水果类罐头在捣碎前要先清除果核
	（2）放入组织捣碎机捣碎杯中	
	（3）接通组织捣碎机电源，进行捣碎	使用中切勿让捣碎机空转，否则容易烧毁电动机
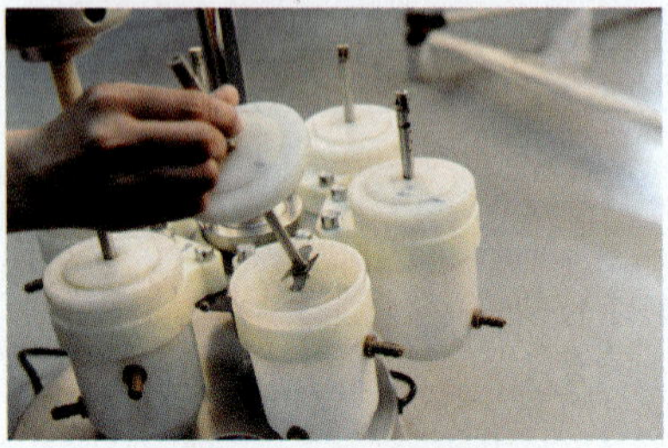	（4）捣碎完毕，切断组织捣碎机电源，松开转动轴连接接头，取下捣碎杯	每次旋转最多不得超过 5 min
	（5）倒出匀浆	捣碎杯和刀片用完后要洗净、晾干，以备下次使用

【考核评价】

素质	内容 学习目标	评价项目	评价 自我评价30%	 小组评价30%	 教师评价40%
知识20分	应知应会	1. 了解样品采集、制备的目的、意义 2. 掌握样品采集、制备的方法 3. 能根据标准进行样品制备			
专业能力60分	准备工作10分	仪器、试剂、样品准备充分			
	仪器使用10分	1. 熟练使用天平 2. 熟练使用电热干燥箱			
	样品制备20分	样品制备方法正确			
	操作规范10分	1. 操作流程熟练 2. 操作规范			
	遵守安全、卫生要求10分	1. 具有安全防护意识 2. 卫生规范			
通用能力10分	语言能力	专业术语表达准确			
	合作能力	与同学互相配合，团结互助			
	解决问题能力	及时发现问题、解决问题			
态度10分	工作态度	认真、细致、诚实			
总分					
平均分					

【思考与练习】

一、思考题

1．什么是采样？采样的步骤是什么？

2．什么是样品制备？制备的目的是什么？

3．什么是检样、原始样品、平均样品？

4．样品如何保存？

二、实训题

肉类样品的制备。

提示：预先去除非可食部分，洗净沥干，取可食部分放入绞肉机中绞匀。

任务 2　样品的预处理

【学习目标】

1. 了解样品预处理的目的。
2. 掌握样品预处理的方法。
3. 能根据方法进行样品预处理。

【任务引入】

实验室现需要完成以下四项样品处理任务：

1. 为了检测奶粉样品中的锌含量，对奶粉样品进行处理。
2. 为了检测奶粉样品中的蛋白质含量，对奶粉样品进行处理。
3. 为了检测啤酒样品中的双乙酰含量，对啤酒样品进行处理。
4. 为了检测糕点中的脂肪含量，对糕点样品进行处理。

请选择合适的样品预处理方法，完成奶粉、啤酒和糕点样品的预处理。

【任务分析】

样品预处理方法包括有机物破坏法、蒸馏法、溶剂提取法、色层分离法、化学分离法、浓缩法等。根据国标 GB/T 5009.5—2010《食品中蛋白质的测定》、GB/T 5009.14—2003《食品中锌的测定》、GBT 4928—2008《啤酒分析方法》、GB/T 5009.6—2003《食品中脂肪的测定》，对奶粉中蛋白质的测定用的是湿法消化进行样品预处理，对奶粉中锌的测定用的是干法灰化进行样品预处理，对啤酒双乙酰的测定用蒸馏法进行样品预处理，对糕点中脂肪含量测定用索氏提取法进行样品预处理。

【相关知识】

样品的预处理是指样品经过一些准备性处理，转化为最终分析样品的技术过程，是食品检验过程的一个重要环节，直接关系着检验结果的客观性和准确性。

一、样品预处理的目的

许多食品的组成比较复杂（含蛋白质、脂肪、糖类、矿物元素、维生素等），各组分往往以复杂的结合态或配合物存在于食物中，测定时会出现许多干扰问题。有些被测组分，如污染物、农药、黄曲霉毒素等含量极低，难以直接检测。因此在测定前必须进行样品预处理。此外，还有些组分由于含量较少，必须被浓缩才能准确测出它们的含量。

样品预处理的目的就是要使样品变成一种易于检测的形式，排除测定前的干扰组分，完整保留被测组分，必要时浓缩被测组分以获得满意的分析结果。

二、样品预处理的方法

1. 有机物破坏法

常用于食品中无机盐或重金属离子的测定。

（1）干法灰化。这是一种用高温灼烧的方式破坏样品中有机物的方法，又称灼烧法。是将样品置于坩埚中，先用电炉小火碳化，去除水分、黑烟后，再置于500～600℃的高温炉中灼烧，使有机质彻底氧化破坏，生成CO_2和H_2O逸出，而与有机物结合的金属部分则变成简单的无机化合物，直至残灰变为白色或浅灰色为止。灰化时间以灰化完全为度，一般为4～6 h。

干灰化法的优点是破坏彻底、简便易行、试剂用量少，测定的空白值较小。

干灰化法的缺点是破坏温度高、操作时间长，易造成某些元素的损失。

（2）湿法消化。是在强酸溶液中，在加热条件下，利用强氧化剂（如浓硝酸、浓硫酸、高氯酸、高锰酸钾、过氧化氢等）的氧化作用，使有机质分解、氧化呈气态逸出，待测组分转化为无机物状态存在于消化液中。

湿法消化的优点是加热温度较干法灰化低，减少了低沸点元素挥发散失的机会。湿法消化的缺点是在消化过程中会产生大量酸雾和刺激性气体，对人体有害，因此整个消化过程必须在通风橱中进行。

湿法消化常用几种强酸的混合物作为溶剂与试样一同加热煮解。如硝酸—硫酸、硝酸—高氯酸、硝酸—高氯酸—硫酸、高氯酸（或过氧化氢）—硫酸等。

（3）微波炉消解法。即样品与酸的混合物在微波电磁场作用下，通过吸收微波能量，产生高热。同时，交变电磁场使介质分子产生极化，由极化分子的快速排列引起张力。由于上面的作用，不断搅动破裂样品的表面层，酸与新的表面产生反应。由于溶液在瞬间吸收辐射能，消除了传统的分解方法所用的热传导过程，因而分解快速。

2. 蒸馏法

蒸馏分离法是利用液体混合物中各组分挥发性的差异来进行分离的方法。利用待检成分沸点低、易挥发的特点，将样品加热，使待检成分生成挥发性物质逸出，然后进行测定。蒸馏法可用于除去干扰组分，也可将被测组分蒸馏逸出，收集馏出液进行分析。常用的蒸馏方法有常压蒸馏、减压蒸馏和水蒸气蒸馏三种。

（1）常压蒸馏。用于被测组分受热不易分解或沸点不太高的样品，加热方式可视情况选择水浴、油浴或直接加热。

（2）减压蒸馏。用于常压蒸馏容易使被测组分分解或沸点太高的样品。

（3）水蒸气蒸馏。可用于被测组分加热到沸点时可能发生分解；或被蒸馏组分沸点较高，直接加热蒸馏时，因受热不均易引起局部炭化的样品。

3. 溶剂提取法

溶剂提取法是利用样品中各种组分在某种溶剂中溶解度的差异而将混合物分离的方法。也用于被检测物的富集。

溶剂提取法分类：

（1）浸提法。用适当的溶剂将固体样品中某种待测成分浸提出来的方法，又称“液—固萃取法”。

浸提法的提取方法有振荡浸渍法、捣碎法、索氏提取法。振荡浸渍法指将样品捣碎，放在合适的溶剂中浸渍、振荡一定时间，即可从样品中提取出被测成分；捣碎法指将切碎的样品放入捣碎机中，加溶剂捣碎一定时间，使被测成分提取出来；索氏提取法指将样品放入索氏提取器中，加入溶剂加热回流一定时间，将被测成分提取出来。

浸提法所采用的提取剂应既能大量溶解被测物质，又不破坏被提取物质的性质和组成。常用的提取剂有：无机溶剂，如水、稀酸、稀碱等；有机溶剂，如乙醇、乙醚、石油醚、丙酮、氯仿等。

（2）溶剂萃取法。溶剂萃取法是用适当的溶剂把样品溶液中的一种组分萃取出来。其原理是这种组分在原溶液中的溶解度小于在新溶剂中的溶解度，即分配系数不同。它适用于原溶液中各组分沸点非常相近或形成了共沸物，无法用一般蒸馏法分离的物质。

（3）超临界萃取（SFE）。超临界萃取利用超临界流体作为溶剂，有选择性地溶解液体或固体混合物中的溶质。对溶质的溶解度大大增加。应用于有机氯农药的检测。

4. 色层分离法

色层分离法又称层析分离法或色谱分离法，是对样品中的组分在载体上进行物质分离的一系列方法的总称。这种方法不仅分离效率高，能将各种性质极相似的组分彼此分离，而且分离过程往往也就是鉴定过程，尤其是对有机物质的分离测定具有独到之处。

色层分离法根据分离原理不同分为吸附色谱分离法、分配色谱分离法和离子色谱分离法等。

（1）吸附色谱分离法。样品中各组分依据吸附能力不同进行选择性吸附而达到分离的目的。

（2）分配色谱分离法。是根据不同的物质在两相间的分配比不同进行的分离。被分离组分在流动相沿着固定相移动的过程中，由于不同物质在两相中具有不同的分配比，从而达到分离的目的。

（3）离子色谱分离法。将被测离子溶液与离子交换剂一起混合振荡，或将样液缓缓通过用离子交换剂做成的离子交换柱时，使被测离子或干扰离子与离子交换柱上的离子发生交换，被测离子或干扰离子留在离子交换柱上，其他物质留在溶液里，从而达到分离的目的。

5. 化学分离法

（1）沉淀分离法。沉淀分离法是一种经典的分离方法，是指向样液中加入沉淀剂，利用沉淀反应使被测组分沉淀下来，或将干扰组分沉淀除去，而其他组分则留存于溶液中，从而达到分离的目的的方法。

（2）掩蔽法。掩蔽法通过向样液中加入掩蔽剂，掩蔽剂与样品溶液中的干扰成分发生作用，使干扰成分不再干扰测定结果的物质，常用在金属元素的测定中。

（3）皂化法和磺化法。皂化法和磺化法是用来除去油脂或含脂食品中脂肪的常用方法。脂肪被强碱皂化或被硫酸磺化后，由憎水性转变为亲水性。这样，脂肪中那些要测定的非极性物质就能被适当的溶剂提取出来。

6. 浓缩

食品样品在提取、净化等处理后，有时样液的体积比较大，被测组分的浓度比较低，因此在测定前需对样液进行浓缩，以提高被测组分的浓度。常用的浓缩方法有常压浓缩法和减压浓缩法。

（1）常压浓缩法。用于待测组分为非挥发性的样品溶液的浓缩。通常采用蒸发皿直接挥发；若溶剂需回收，可采用普通蒸馏装置或旋转蒸发器等。

（2）减压浓缩法。用于待测组分为对热不稳定或易挥发的样品溶液的浓缩。通常采用 K—D 浓缩器，采取水浴加热并抽气减压。此法特别适用于农药残留量分析中样品净化液的浓缩。

【任务实施】

一、干法灰化法处理奶粉样品测乳粉中锌

1. 实验准备

（1）仪器和设备。电子天平、电炉、高温马弗炉、坩埚、容量瓶。

（2）试剂及溶液。

1）盐酸（1+11）：量取 10 mL 盐酸加到适量水中再稀释至 120 mL。

2）混合酸：硝酸 + 高氯酸（3+1）。

2. 操作步骤

配图	操作步骤	操作说明
	（1）将坩埚洗干净，然后置于 500~550℃的高温炉中灼烧至恒重，冷却，称重	坩埚要编号
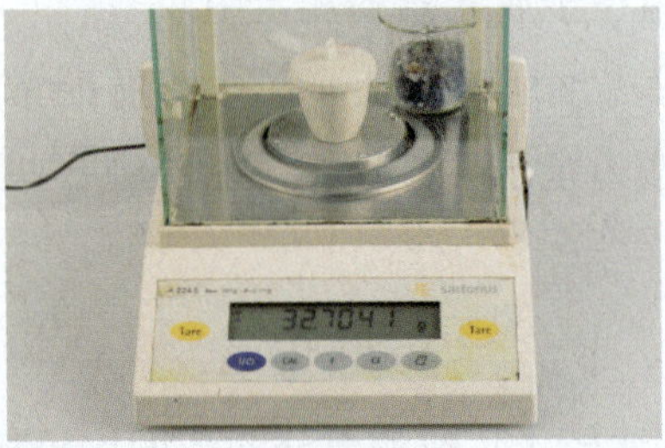	（2）称取 5 ~ 10 g 试样于瓷坩埚中	精确到 0.001 g
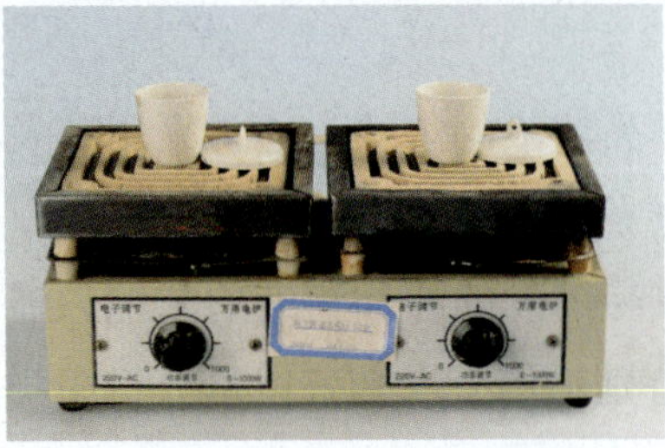	（3）先在电炉上炭化至无烟	

续表

配图	操作步骤	操作说明
	（4）移入马弗炉 500℃ ±25℃灰化 8 h	
	（5）取出坩埚	灼烧完毕后，应先切断电源，但不要立即打开炉门，以免炉膛骤然受冷碎裂
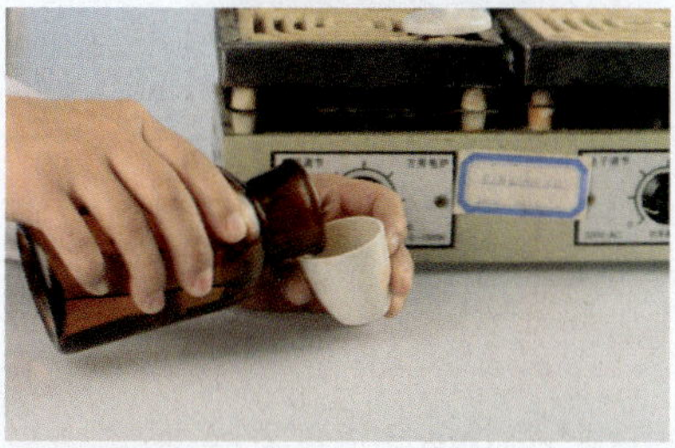	（6）放冷后再加入少量混合酸，小火加热，如此反复处理，直至残渣中无炭粒，待坩埚冷却	不使坩埚干涸
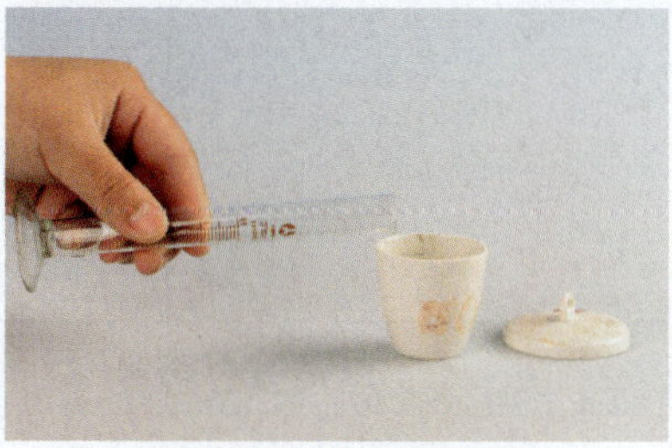	（7）加 10 mL 盐酸 (1+11)	
	（8）溶解残渣并移入 50 mL 容量瓶中，再用盐酸 (1+11) 反复洗涤坩埚，洗液并入容量瓶中，并稀释至刻度，混匀备用	同时做空白实验

二、湿法消化处理奶粉样品测奶粉中蛋白质

1. 实验准备

（1）仪器和设备

1）电子天平：精确至 ±0.1 mg。

2）KDN-08C 控温消煮炉（见图 4—2—1）。

3）消煮管架（见图 4—2—2）。

4）消煮管（见图 4—2—2）。

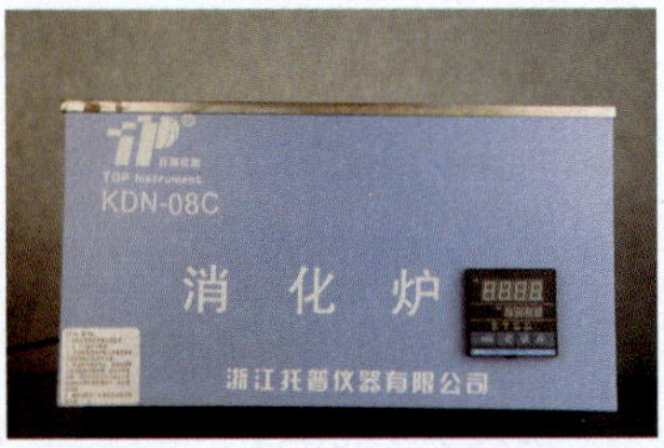

图 4—2—1　控温消煮炉

图 4—2—2　消煮管架及消煮管

（2）试剂

1）浓硫酸（密度为 1.841 9 g/L），化学纯，含量 95%～98%。

2）硫酸铜。

3）硫酸钾，分析纯。

2. 操作步骤

配图	操作步骤	操作说明
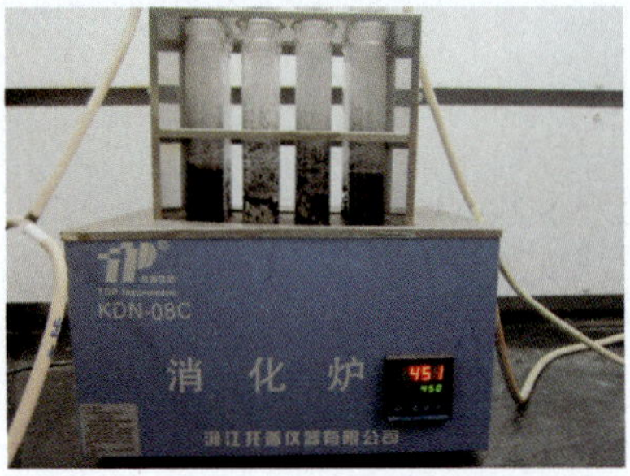	（1）称取 10.0 g 试样，移入干燥的消煮管中，加入 0.2 g 硫酸铜、6 g 硫酸钾及 20 mL 硫酸，轻摇后，置于控温消煮炉上，小心加热，待内容物全部炭化，取下冷却备用。同时做空白试验	样品脂肪含量较高时，应适当增加硫酸量

续表

配图	操作步骤	操作说明
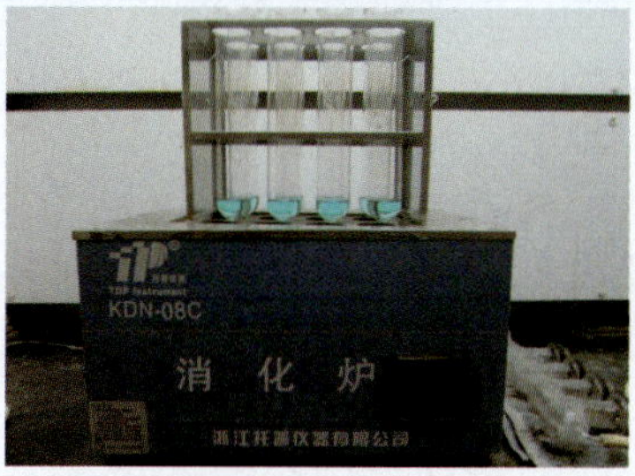	（2）泡沫完全消失后，加强火力，并保持管内液体微沸，至液体呈蓝绿色澄清透明后，再继续 0.5~1 h。取下放冷待蒸馏用	某些样品炭化易产生泡沫，使样品溢出消化管或溅起黏附在管壁导致无法消化完全而造成氮损失，所以消化时不要用强火，应保持和缓沸腾

三、蒸馏法处理啤酒样品测啤酒中双乙酰

1. 实验准备

（1）仪器和设备

1）双乙酰蒸馏装置（见图 4—2—3）。

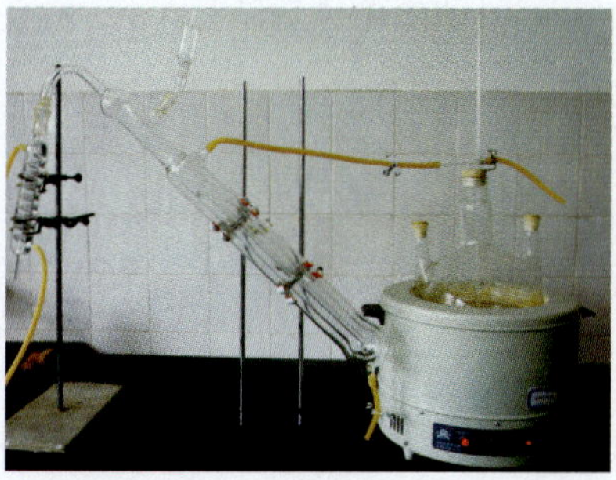

图 4—2—3　双乙酰蒸馏装置

2）容量瓶：25 mL。

（2）试剂。

有机硅消泡剂（或甘油聚醚）。

2. 操作步骤

配图	操作步骤	操作说明
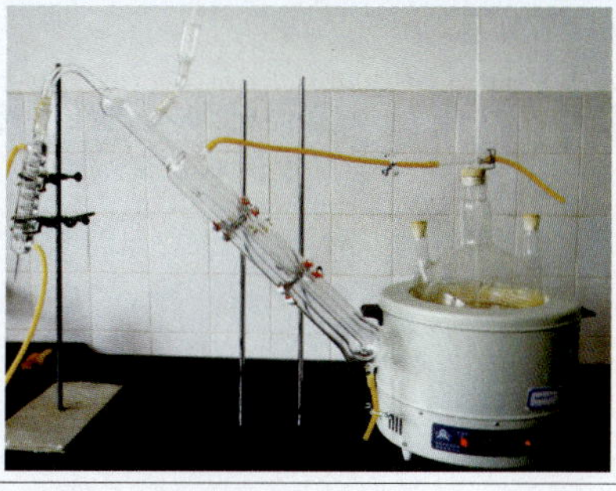	（1）将安装好的双乙酰蒸馏器加热沸腾备用	加热时，把排气夹子打开

续表

配图	操作步骤	操作说明
	（2）通气预热后，取25 mL容量瓶接受馏出液，容量瓶内装少许蒸馏水，使馏出液管口能刚好浸在水下。容量瓶外加冰浴	预热通气时，把排气夹子夹上，通气夹子打开。打开冷凝水
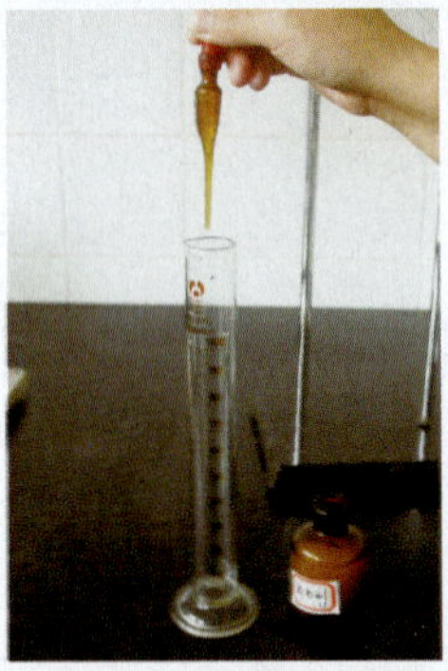	（3）于100 mL量筒中加入1~2滴消泡剂	在达到消泡效果的情况下，消泡剂的用量越少越好
	（4）再向量筒中注入100 mL未经除气，预先冷至约5℃的酒样	（1）发酵液、清酒液、桶（罐）装啤酒，采样后应立即测定，不需经过样品处理 （2）瓶（听）装啤酒：先将原瓶（听）装啤酒浸入冰水浴，使其品温降至5℃以下，开盖，立即注入已加消泡剂的100 mL量筒，无需进行样品处理
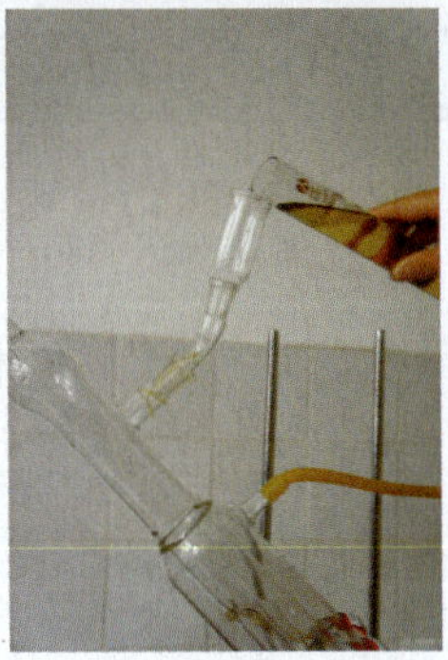	（5）立即将酒样转移至双乙酰蒸馏器内	蒸馏时加入试样要迅速，勿使双乙酰损失

续表

配图	操作步骤	操作说明
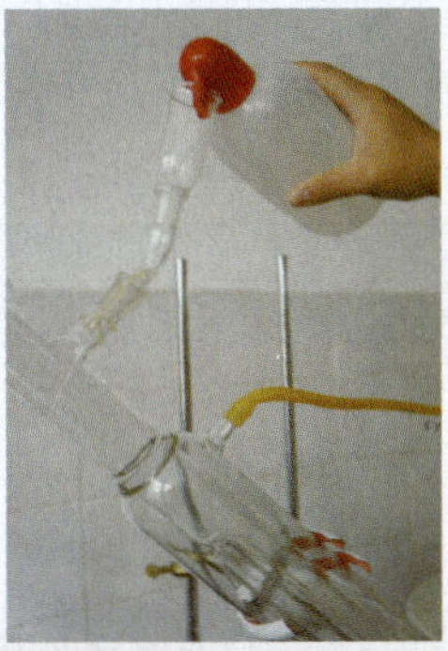	（6）用少量水冲洗带塞漏斗	
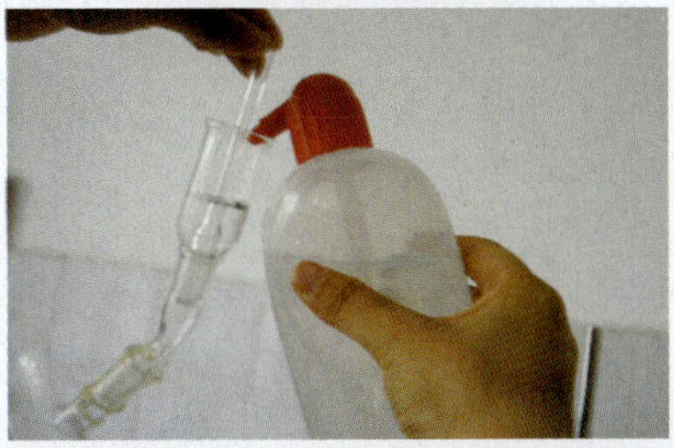	（7）盖塞，加水密封	
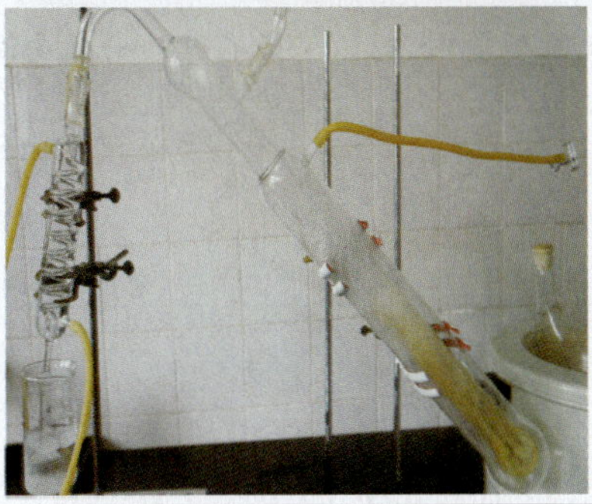	（8）加热蒸馏，直到馏出液接近 25 mL 时取下容量瓶。达到室温后，用水定容至 25 mL，摇匀备用	蒸馏需在 3 min 内完成

四、索氏提取法处理蛋糕样品测蛋糕中脂肪

1. 实验准备

（1）仪器和设备

1）索氏提取器（自下而上为提取瓶、提取管、冷凝管，见图 4—2—4）。

2）电热恒温水浴锅。

3）电热恒温干燥箱。

4）干燥器。

5）分析天平（±0.1 mg）。

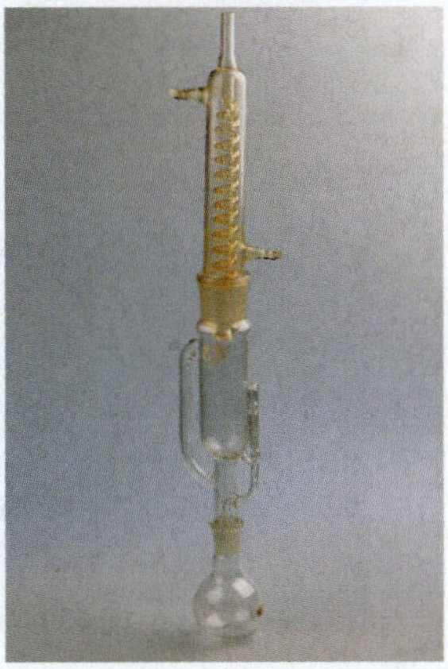

图 4—2—4　索氏提取器

6）滤纸、脱脂线、脱脂棉。

（2）试剂

无水乙醚（不含过氧化物）或石油醚。

2. 操作步骤

配图	操作步骤	操作说明
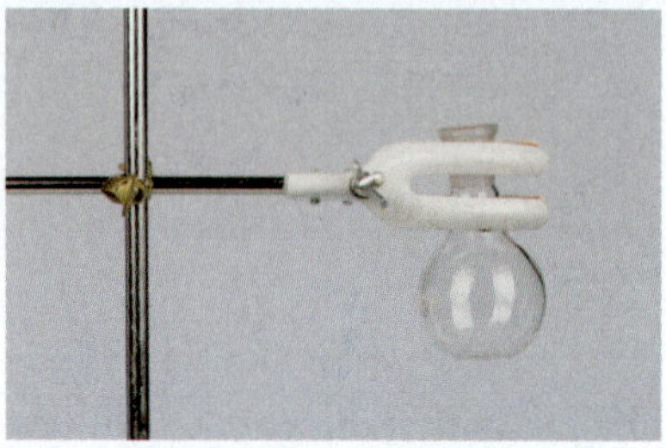	（1）索氏提取仪从下至上安装。先安装好提取瓶	应在通风橱内进行
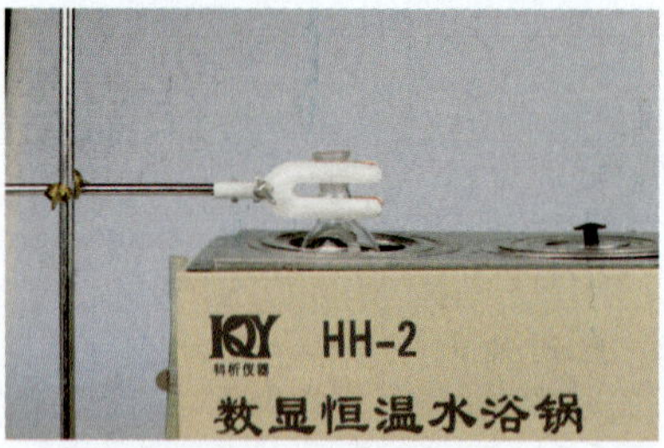	（2）使提取瓶刚好能浸入水浴锅中的水中	提取瓶的安装要注意高度
	（3）准确称取均匀样品 2 ～ 5 g（精确至 0.01 mg），放入滤纸筒中	样品应干燥后研细
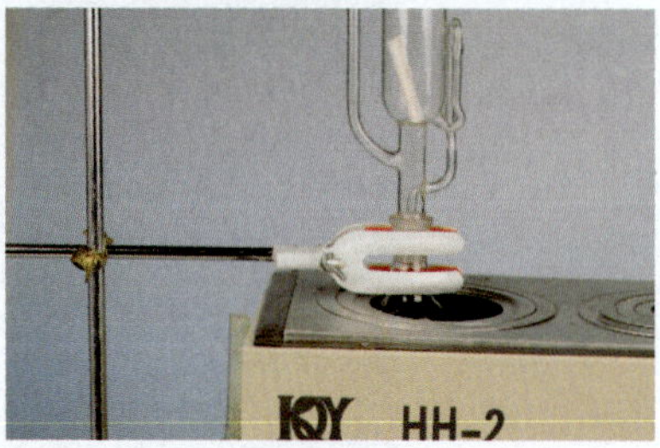	（4）把装有样品的滤纸筒放入索氏提取器的提取管内，连接至安装好的提取瓶	放入滤纸筒的高度不能超过回流弯管，否则乙醚不易穿透样品，使脂肪不能全部提出，造成误差。应高于虹吸管，低于蒸汽上升管

续表

配图	操作步骤	操作说明
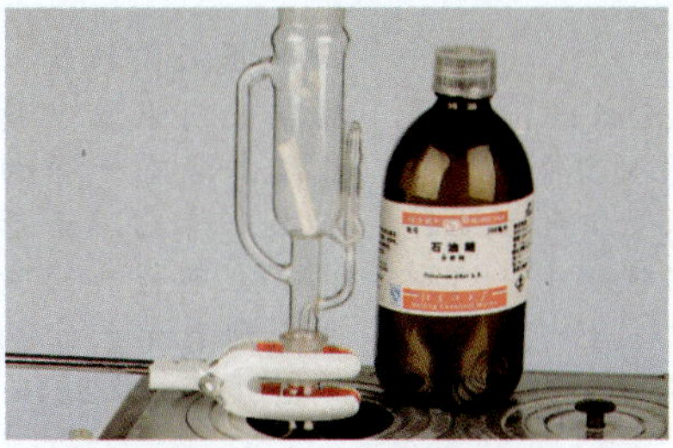	（5）由抽提器冷凝管上端加入无水乙醚或石油醚至瓶内容积的 2/3 处	加乙醚前，应接通冷却水，检查仪器的密封。
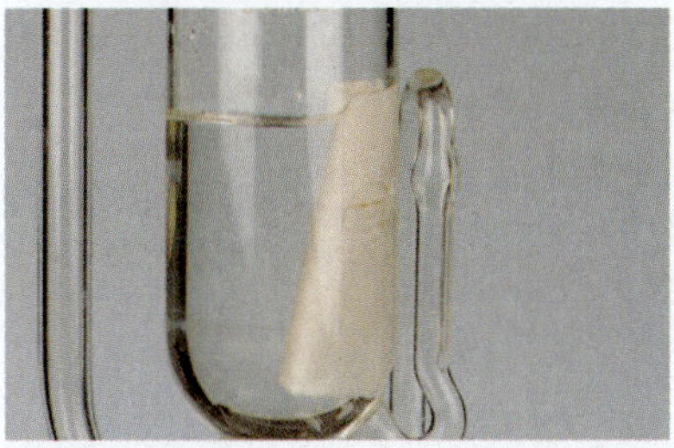	（6）加入无水乙醚直至液面达到虹吸管上弯头部，正好虹吸一次	所用乙醚必须是无水乙醚，如果没有乙醚或无水乙醚时，可以用石油醚提取，石油醚沸点 30 ~ 60℃为好
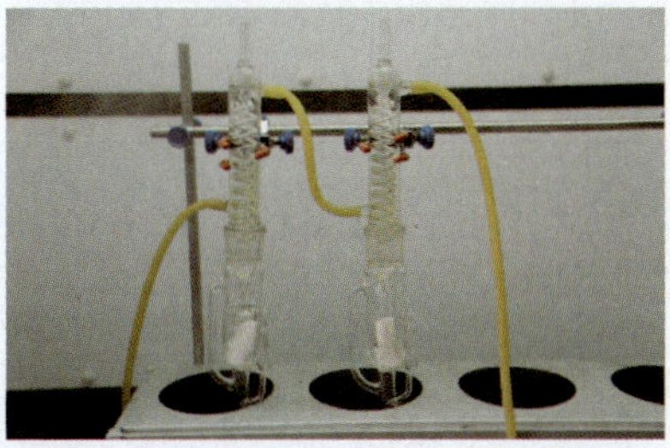	（7）用乳胶管将冷凝管与自来水管相连，将冷凝管安装到提取管上，检查一下，确保所有接口均对接完好（不漏气，不打滑）	抽提时，冷凝管上端开口应安装氯化钙管或塞上少量脱脂棉团，以防止空气的进入和乙醚的挥发
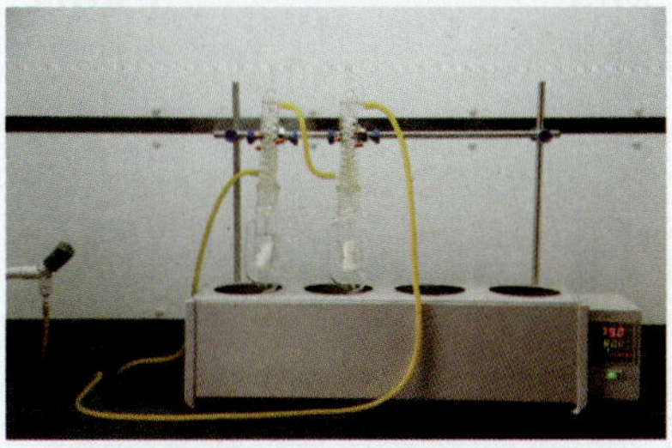	（8）轻轻打开自来水（冷凝用），于水浴上加热提取。至抽提完全为止	提取时水浴温度不能过高，回流速度以 8 ～ 12 次 /h 为宜
	（9）提取结束后，当乙醚（或石油醚）在提取管中的液面即将达到虹吸管的上弯头处时，从水浴锅中取出索氏提取仪装置，室温冷却 5 ~ 10 min	取出时，小心提取管不要倾斜

续表

配图	操作步骤	操作说明
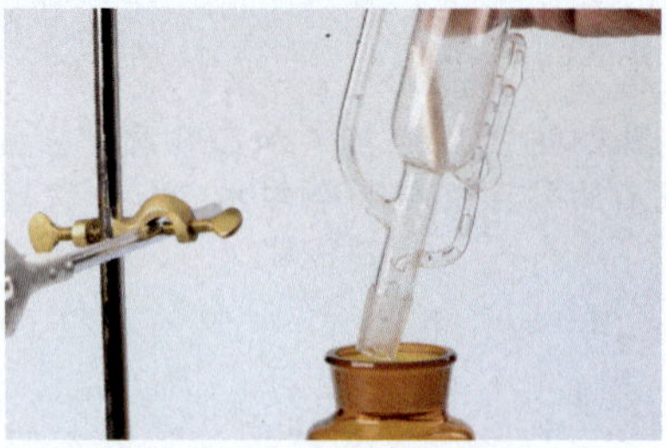	（10）取下提取瓶，将提取管的下端口插入回收瓶中，倾斜装置，提取管中的石油醚会虹吸而流入回收瓶中，达到回收的目的	抽提效果检验，从提取管内吸取少量的乙醚并滴在干净的滤纸上，待乙醚干后，滤纸上不留有油脂的斑点则表示已经抽提完全，可停止提取
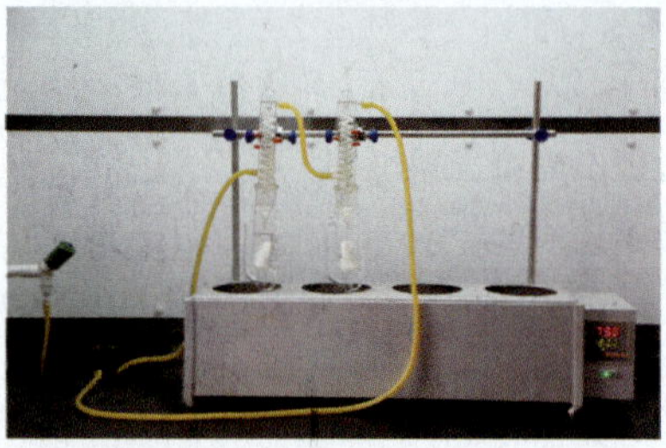	（11）再装上提取瓶，继续放入恒温水浴锅中加热直至冷凝管下端无乙醚（或石油醚）滴下，表明提取瓶中的乙醚（或石油醚）已经蒸干	提取瓶中所残留的物质即为脂肪

【考核评价】

素质	内容 学习目标	评价项目	评价 自我评价 30%	 小组评价 30%	 教师评价 40%
知识 20 分	应知应会	1. 了解样品预处理的目的、意义 2. 掌握样品预处理方法			
专业能力 60 分	准备工作 10 分	仪器、试剂、样品准备充分			
	仪器使用 10 分	1. 熟练使用分析天平 2. 熟练使用电炉、马弗炉 3. 学会使用索氏提取器			
	样品预处理 20 分	样品预处理方法正确			
	操作规范 10 分	1. 操作流程熟练 2. 操作规范			
	遵守安全、卫生要求 10 分	1. 具有安全防护意识 2. 卫生规范			

续表

素质	内容 学习目标	评价项目	评价 自我评价30%	小组评价30%	教师评价40%
通用能力10分	语言能力	专业术语表达准确			
	合作能力	与同学互相配合，团结互助			
	解决问题能力	及时发现问题、解决问题			
	创新能力	善于钻研新的检测方法			
态度10分	工作态度	认真、细致、诚实			
总分					
平均分					

【思考与练习】

一、思考题

1．什么是样品预处理？为什么要对被检样品进行预处理？

2．样品预处理常用的方法有哪些？

3．干法灰化与湿法消化的优缺点有哪些？

二、实训题

现需检测饼干中油脂的酸价和过氧化值。需要对饼干样品进行处理，提取出测定要用的油，请选择合适的样品处理方法来进行样品处理。

提示：

（1）方法依据 GB/T 5009.56—2003《糕点卫生标准的分析方法》。

（2）称取混合均匀后的试样 250 ~ 300 g 于 500 mL 具塞锥形瓶中，加入适量石油醚浸泡试样，放置过夜，用快速滤纸过滤后，减压回收溶剂，得到油脂供测定酸价和过氧化值。

项目五

食品的物理检验

任务 1　食品密度的测定

【学习目标】

1. 了解液体密度与相对密度的概念。
2. 在教师指导下，利用学习资料，认识密度计与密度瓶的结构与形态。
3. 能够使用密度计测定相关样品的密度。
4. 能够使用密度瓶测定相关样品的密度。

【任务引入】

现有牛奶、蔗糖溶液、白酒和啤酒四种样品，如图 5—1—1 所示，根据送检要求需快速测定牛奶、蔗糖溶液、白酒的相对密度，并准确测定啤酒的酒精度，试选取相应仪器，并按步骤进行测定。

【任务分析】

要完成本任务，首先要先了解液体密度和相对密度的概念，同时了解测定相对密度的仪器。根据 GB/T 5009.2—2003《食品的相对密度的测定》、GB/T 10345—2007《白酒分析方法》、GB/T 5413.33—2010《食品安全国家标准 生乳相对密度的测定》等规定，可选择乳稠计、糖锤度计和酒精计来进行牛奶、蔗糖溶液、白酒相对密度的测定。而啤酒的酒精度测定不仅要快速还要保障其结果的准确度，因此可根据 GB/T 4928—2008《啤酒分析方法》规定，选择使用密度瓶法中的容量法来进行测定。

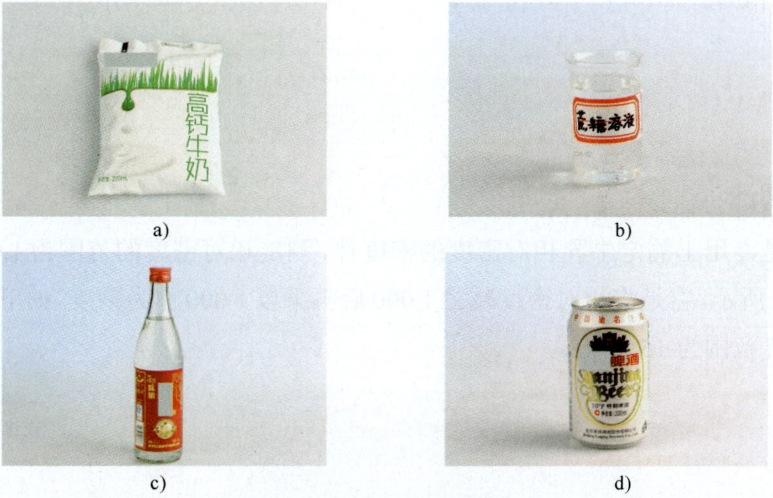

图 5—1—1　四种样品

a）牛奶　b）蔗糖溶液　c）白酒　d）啤酒

【相关知识】

一、液体密度与相对密度

密度是指物质在一定温度下单位体积的质量，以符号 ρ 表示，其单位为 g/mL。

相对密度是指某一温度下物质的质量与同体积某一温度下水的质量之比，以 $d_{T_2}^{T_1}$ 表示，T_1 表示物质的温度，T_2 表示水的温度。相对密度是物质重要的物理常数，其无量纲（没有单位）。

工业上为方便起见，常用液体在 20℃时的质量与同体积的水在 4℃时的质量之比来表示物质的相对密度，用 d_4^{20} 表示：

$$d_4^{20}=\frac{20℃时物质的质量}{4℃时同体积的水的质量}$$

d_4^{20} 的数值与物质在 20℃时的密度相等（水在 4℃时的密度为 1.000 g/cm^3）。

密度与相对密度的区别在于：

1．有无单位的区别，密度是有单位的，而相对密度无量纲。

2．密度的数值在某一温度下只有一个（ρ_T），而相对密度的数值在某一温度下不止一个（$d_1^{T_1}$，$d_2^{T_1}$，$d_3^{T_1}$···）。

3．$d_4^{T_1}$ 是指相对 4℃水的相对密度（以前称为真比重，现“比重”一词已废弃），

其数值与 ρ_{T_1} 相同。

二、测定相对密度的仪器

1. 乳稠计

乳稠计是专用于测定牛乳相对密度的密度计，测定相对密度的范围为1.015～1.045，如图5—1—2所示。它是将相对密度减去1.000后再乘以1 000作为刻度，如下式，以度(°)表示，其刻度范围为15～45。

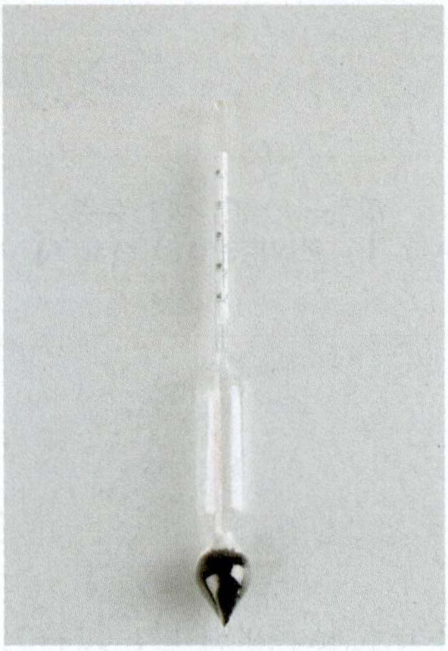

图5—1—2　乳稠计

$$乳稠计度数 = (d_4^{20} - 1.000) \times 1\,000$$

式中　乳稠计度数——通过换算或查表所得到的乳稠计示值。

d_4^{20}——相对密度，可通过乳稠计直接读出或计算得到。

使用时把测得的读数按上述关系换算为相对密度值。乳稠计按其标度方法不同分为两种，一种是按20℃/4℃标定的，另一种是按15℃/15℃标定的。若溶液温度不是20℃则需要进行换算。

【例】　测得牛奶试样温度为16℃，用20℃/4℃的乳稠计测得的相对密度为1.030 5，那么20℃时的牛奶相对密度是多少？

解：测得牛奶试样温度为16℃，用20℃/4℃的乳稠计测得的相对密度为1.030 5，即认为乳稠计度数为30.5。将其换算成温度为20℃时乳稠计度数，查乳稠计换算表（见附录1），与16℃、30.5对应的乳稠计度数为29.5，即20℃时的牛奶相对密度为1.029 5。

2. 糖锤度计

糖锤度计是专门用于测定糖液浓度的密度计，糖锤度计又称勃力克斯（Brix），以°Bx表示，如图5—1—3所示，是用已知浓度的纯蔗糖溶液来标定其刻度的。其刻度标度方法是以20℃为标准温度，在蒸馏水中为0°Bx，在1%蔗糖溶液中为1°Bx，即100 g蔗糖溶液中含1 g蔗糖。常用糖锤度计的刻度范围有1～6°Bx、5～11°Bx、10～16°Bx、15～21°Bx、20～26°Bx等。若测定温度不是标准温度（20℃），应该根据“糖液温度浓度校正表”（见附录2）进行温度校正。

3. 酒精计

酒精计是用于测量酒精浓度的密度计，如图5—1—4所示。它是用已知酒精浓度的纯酒精溶液来标定其刻度的，其刻度标度方法是以20℃时在蒸馏水中为0，在1%（体积分数）的酒精溶液中为1，故从酒精计上可以直接读取样品溶液中酒精的体积分数。若测定温度不在20℃，需要根据“酒精温度浓度校正表”（见附录2）来校正。

4. 密度瓶

密度瓶是测定液体相对密度的专用精密仪器，它是容积固定的玻璃称量瓶，其种类和规格有多种。常用的有带毛细管的普通密度瓶和带温度计的精密密度瓶，如图5—1—5所示。密度瓶有20 mL、25 mL、50 mL、100 mL四种规格，但常用的是25 mL和50 mL两种。

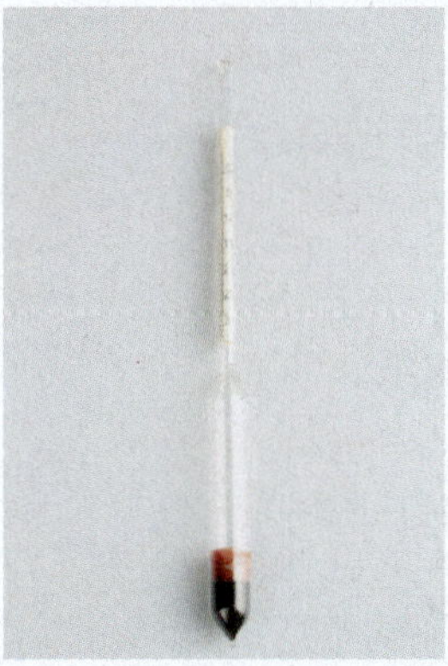

图5—1—3　糖锤度计

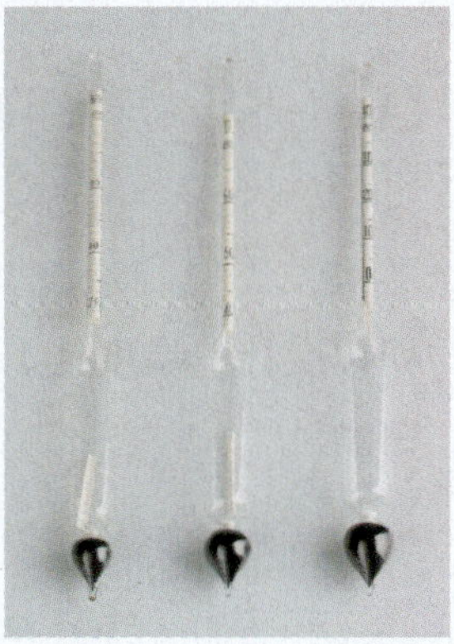

图5—1—4　酒精计

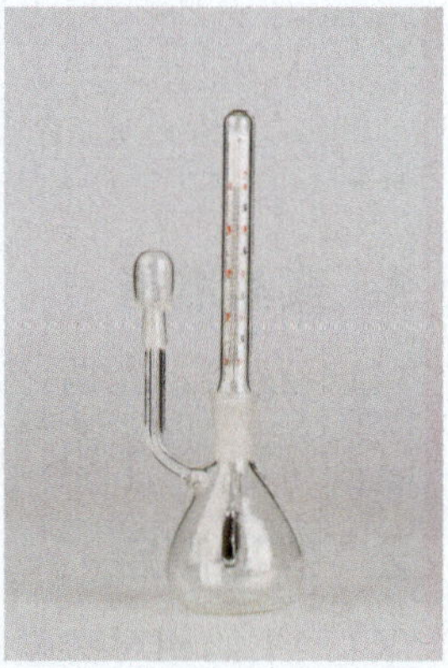

图5—1—5　密度瓶

在使用密度瓶测定液体相对密度时，可按下式进行计算：

$$d_{20}^{20}=\frac{m_2-m_0}{m_1-m_0}$$

式中　m_0——空密度瓶质量，g；

m_1——空密度瓶与蒸馏水质量，g；

m_2——空密度瓶与试样溶液的质量，g。

根据相对密度 d_{20}^{20} 查附录 3，得到试样馏出酒精含量的体积分数，即试样的酒精度。所得结果表示至一位小数。

5. 普通密度计

普通密度计以 20℃时的相对密度值为刻度，以 20℃为标准温度。一套通常由几支组成，每支的刻度范围不同，刻度值大于 1（1.000 ～ 2.000）的称为重表，用于测量比水密度大的液体；刻度值小于 1（0.700 ～ 1.000）的称为轻表，用于测量比水密度小的液体。

6. 波美计

波美计是以波美度（以符号° Bé 表示）来表示液体浓度的大小。按标度方法的不同分为多种类型（见图 5—1—6）。常用波美计的刻度标度方法是以 20℃为标准，在蒸馏水中为 0° Bé，在 15% 氯化钠溶液中为 15° Bé，在纯硫酸（相对密度为 1.8427）中为 66° Bé，其余刻度等分。波美计分为轻表和重表两种，分别用于测定相对密度小于 1 和大于 1 的液体。

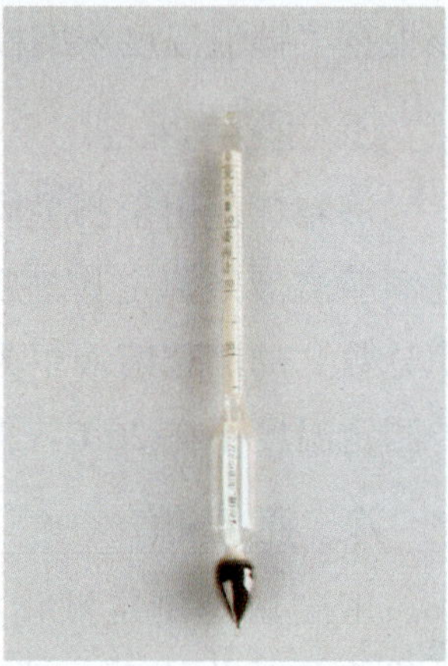

图 5—1—6　波美计

【任务实施】

一、牛奶、蔗糖溶液、白酒相对密度的测定

1. 实验准备

（1）仪器。乳稠计、酒精计、糖锤度计、温度计、量筒、滤纸。

（2）样品：牛奶、蔗糖溶液、白酒。

2. 样品测定

（1）牛奶相对密度的测定。

配图	操作方法	注意事项
	（1）将 10~25℃的牛奶样品小心地注入容积为 250 mL 的量筒中	1）牛奶样品加到量筒容积的 3/4（约 187.5 mL）处即可 2）加样过程中勿使样品发生泡沫

续表

配图	操作方法	注意事项
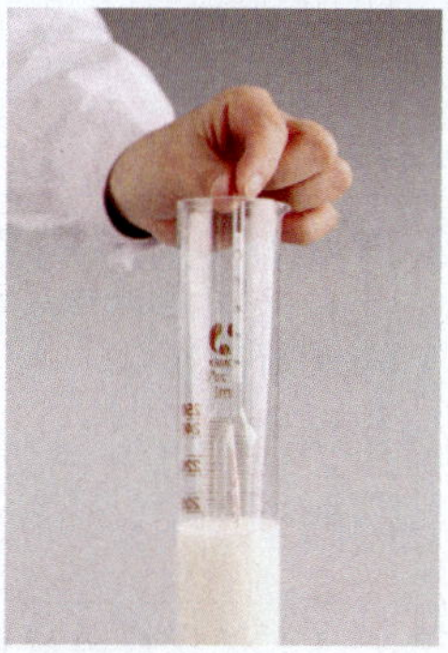	（2）用手拿住乳稠计上部小心地将它沉入到标尺刻度约 30 处，放手让它在牛奶中自由浮动	在放入乳稠计和乳稠计自由浮动的过程中，要注意乳稠计不能与量筒壁接触
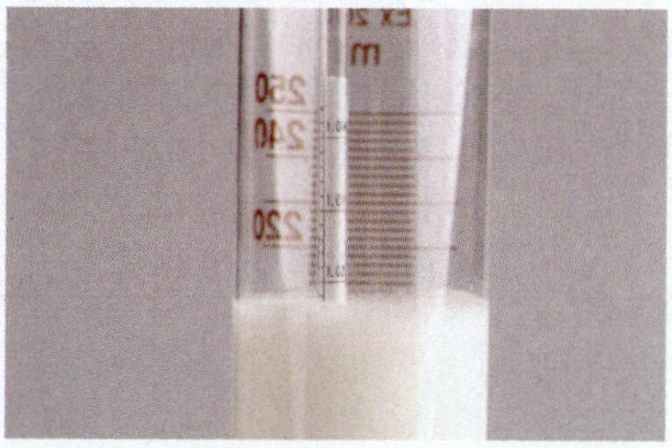	（3）静止 1~2 min 后，读取乳稠计标示刻度	1）视线应与液面保持水平 2）以牛奶表层与乳稠计的接触点，即新月形表面的顶点为准
乳稠计度数 = (d_4^{20} − 1.000) ×1 000	（4）根据左式计算得到乳稠计示值	若牛奶试样温度不为 20℃，则需将其换算后再代入公式计算

（2）蔗糖溶液相对密度的测定。

配图	操作方法	注意事项
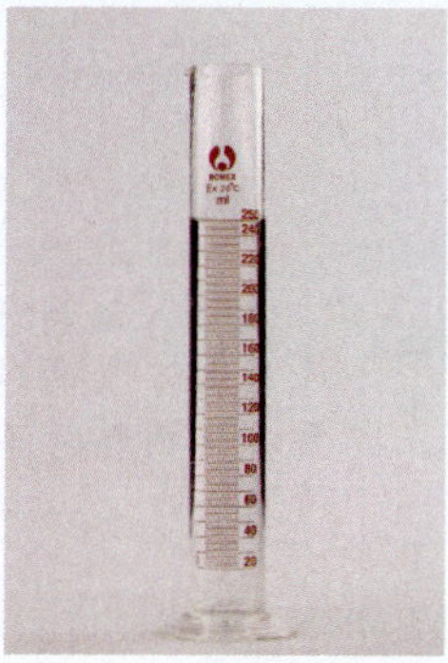	（1）将 10~25℃的蔗糖溶液样品小心地注入容积为 250 mL 的量筒中	1）蔗糖溶液样品加到量筒容积的 3/4（约 187.5 mL）处即可 2）加样过程中勿使样品发生泡沫

续表

配图	操作方法	注意事项
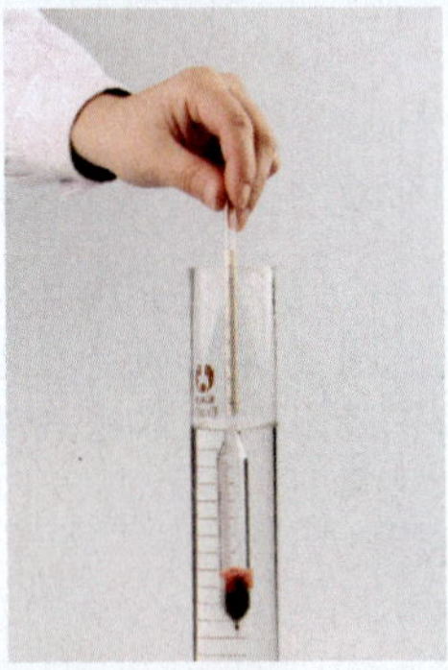	（2）用手拿住糖锤度计上部小心地将它沉入溶液中，放手让它在蔗糖溶液中自由浮动	在放入糖锤度计和糖锤度计自由浮动的过程中，要注意糖锤度计不能与量筒壁接触
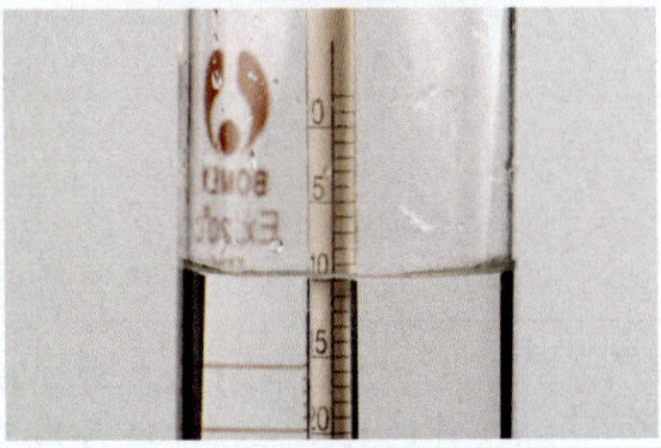	（3）静止 1~2 min 后，读取标示刻度	1）视线应与液面保持水平 2）以蔗糖溶液表层与糖锤度计的接触点，即新月形表面的最低点为准 3）若溶液温度不是20℃，根据糖液温度浓度校正表对数据进行校正

（3）白酒相对密度的测定。

配图	操作方法	注意事项
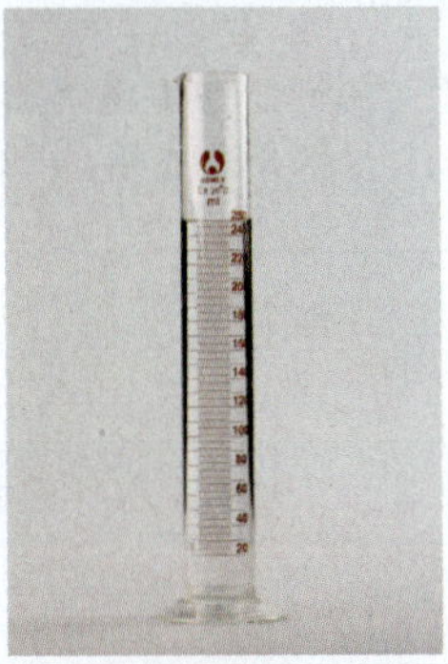	（1）将 10~25℃的白酒样品小心地注入容积为 250 mL 的量筒中	1）白酒样品加到量筒容积的 3/4（约 187.5 mL）处即可 2）加样过程中勿使样品发生泡沫
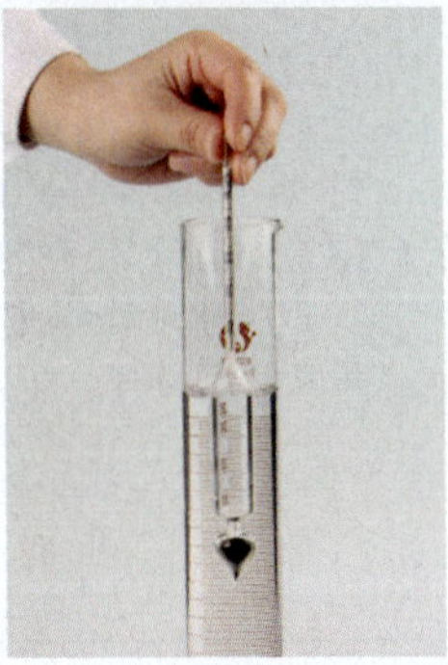	（2）用手拿住酒精计上部小心地将它沉入溶液中，放手让它在白酒样品中自由浮动	在放入酒精计和酒精计自由浮动的过程中，要注意酒精计不能与量筒壁接触

续表

配图	操作方法	注意事项
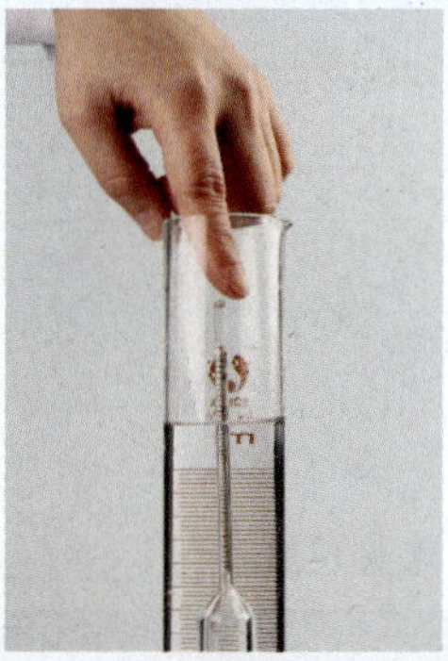	（3）待静止后，再次轻轻向下按压酒精计，让它在白酒样品中自由浮动	1）视线应与液面保持水平 2）以白酒表层与酒精计的接触点，即新月形表面的最低点为准
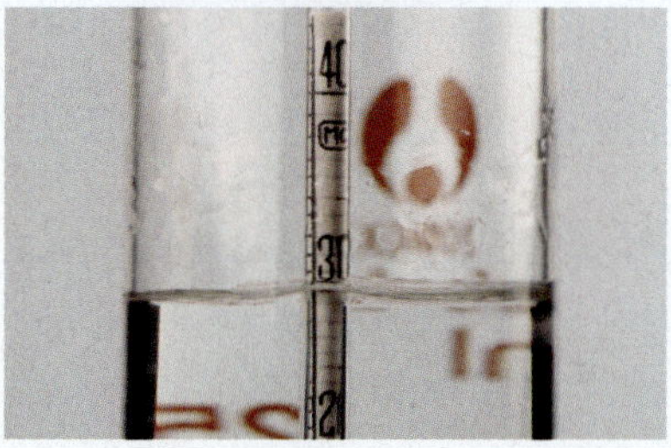	（4）静止 1~2 min 后，读取酒精计标示刻度	

3. 数据记录

配图	操作方法	注意事项
	（1）填写好报告单的基础信息（取样日期、送检日期、检验日期、样品名称、检测项目、检验员信息等）	填写要及时、准确、真实
	（2）在表 5—1—1 ~ 表 5—1—3 中，填写好相应的数据信息	填写过程中为体现数据的可靠性和真实性，不允许修改数据，如有修改必须在修改处签字盖章

表 5—1—1　　　　数据记录表

样品名称：________　　检验员：________　　检验日期：________

项目 \ 编号	001	002	003
温度（℃）			
实际测定值			
校正后乳稠计度数			

续表

项目 \ 编号	001	002	003
d_4^{20}（20℃时牛奶的相对密度）			
平均值			

表 5—1—2　数据记录表

样品名称：______　检验员：______　检验日期：______

项目 \ 编号	001	002	003
温度（℃）			
实际测定值			
校正后糖锤度计度数			
d_4^{20}（20℃时蔗糖溶液的相对密度）			
平均值			

表 5—1—3　数据记录表

样品名称：______　检验员：______　检验日期：______

项目 \ 编号	001	002	003
温度（℃）			
实际测定值			
校正后酒精计度数			
d_4^{20}（20℃时白酒的相对密度）			
平均值			

4. 清洗放置

配图	操作方法	注意事项
	（1）清洗密度计、温度计、量筒，风干，并收好	
	（2）将使用过的滤纸等收入废物缸，并将实验台收拾干净，仪器码放整齐	

二、啤酒酒精度的测定

1. 实验准备

（1）仪器：密度瓶、分析天平、电烘箱、滤纸。

（2）试剂：乙醚、无水乙醇。

（3）样品：啤酒。

2. 样品测定

配图	操作方法	注意事项
	（1）用 100 mL 容量瓶准确称取啤酒样品 100 mL，置于蒸馏瓶中，用 50 mL 分三次冲洗容量瓶，洗液并入蒸馏瓶中	

续表

配图	操作方法	注意事项
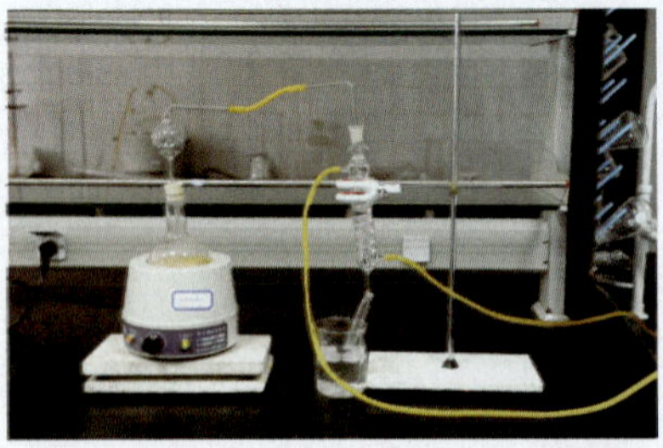	（2）加玻璃珠数粒，装上蛇形冷凝管，用原 100 mL 容量瓶接收馏出液	容量瓶外加冰浴
	（3）缓缓加热蒸馏，收集约 96 mL 馏出液	1）冷凝管出水口温不得超过 20℃ 2）蒸馏应在 30 ~ 60 min 内完成
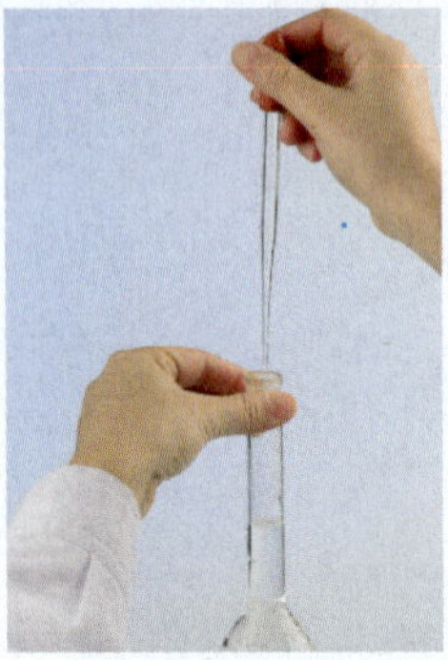	（4）取下容量瓶，调节液温至 20℃，补加水定容，混匀，备用	
	（5）先把密度瓶洗净，再依次用乙醇、乙醚洗涤，烘干并冷却至恒重；连同温度计以及侧管帽一起在分析天平上精密称重，并将空密度瓶的质量 m_0 记录在表 5—1—4 中	密度瓶一定要烘干至恒重再记录数据

续表

配图	操作方法	注意事项
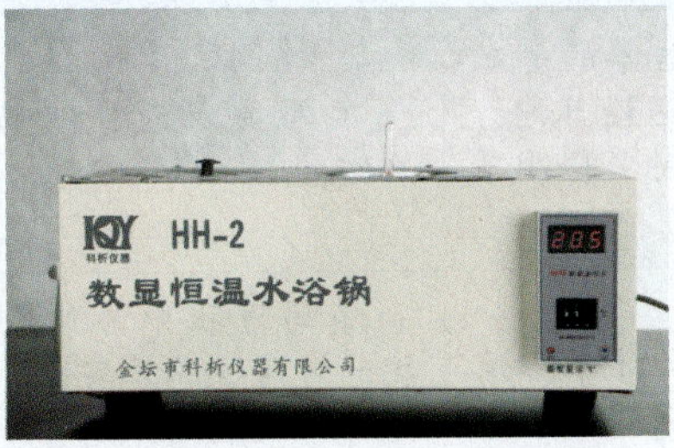	（6）取下温度计及侧管帽，装满啤酒馏出液，插入温度计，置于20℃恒温水浴中浸30 min，使内容物的温度达到20℃	样品一定要装至即将溢出，再插入温度计，让样品自然溢出，以避免在密度瓶中存有气泡
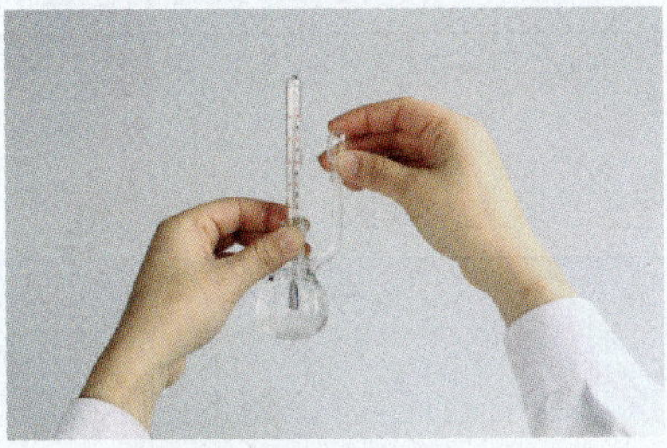	（7）用滤纸条吸去支管标线上的啤酒样品，盖上侧管帽后取出	一定要先吸去支管标线上溢出的啤酒馏出液再称重
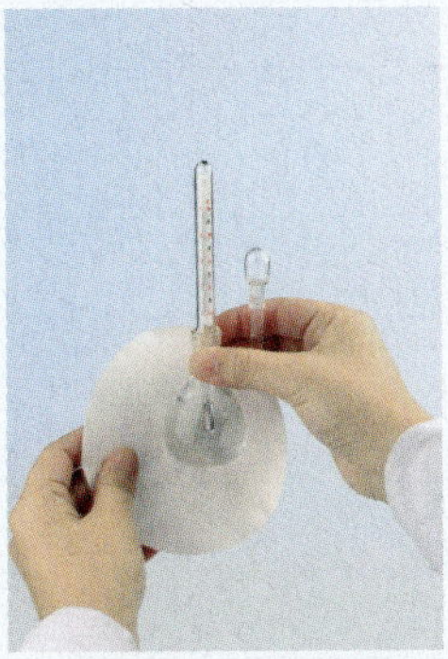	（8）用滤纸擦干其外壁的水，置于天平室内30 min后称重并将啤酒馏出液和密度瓶的质量 m_2 记录在表5—1—4中	
	（9）将啤酒馏出液倾出，洗净密度瓶，装入煮沸30 min并冷却至20℃以下的蒸馏水，按上法操作，测出同体积蒸馏水的质量并将蒸馏水和密度瓶的质量 m_1 记录在表5—1—4中	
$d_{20}^{20}=\frac{m_2-m_0}{m_1-m_0}$	（10）根据左式计算得到啤酒样品的相对密度，根据此值查附录3，即试样的酒精度	所得结果表示至一位小数

3. 数据记录

配图	操作方法	注意事项
	（1）填写好报告单的基础信息（取样日期、送检日期、检验日期、样品名称、检测项目、检验员信息等）	填写要及时、准确、真实
	（2）在表5—1—4中，填写好相应的数据信息	填写过程中为体现数据的可靠性和真实性，不允许修改数据，如有修改必须在修改处签字盖章

表5—1—4　　数据记录表

样品名称：________　检验员：________　检验日期：________

项目＼编号	001	002	003
m_0（空密度瓶质量；g）			
m_1（空密度瓶加蒸馏水质量；g）			
m_1（空密度瓶加样品质量；g）			
d_4^{20}（相对密度）			
查表得样品酒精度			
平均值			

4. 清洗放置

配图	操作方法	注意事项
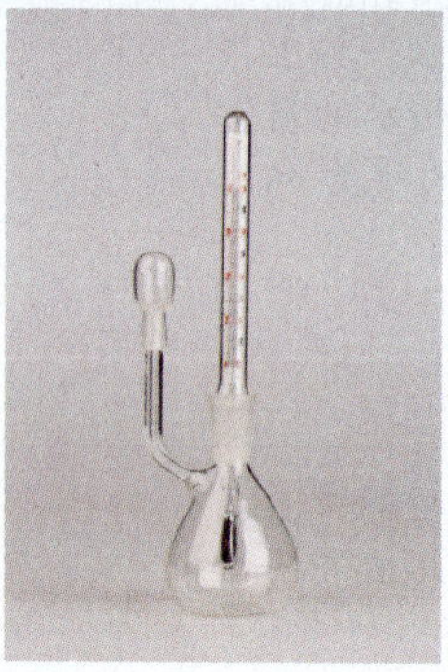	（1）清洗密度瓶、分析天平，风干，并收好	

续表

配图	操作方法	注意事项
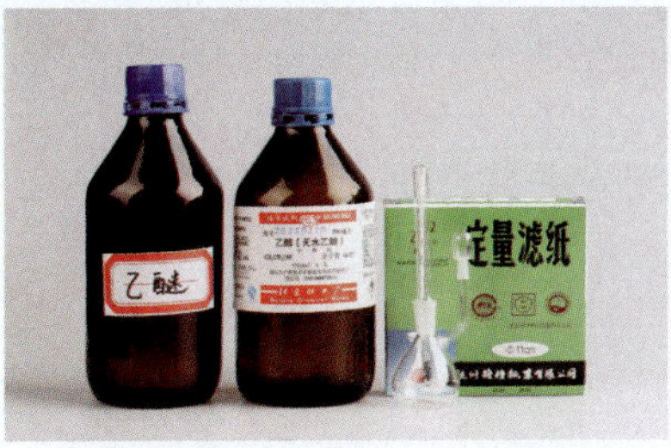	（2）将使用过的滤纸等收入废物缸，并将实验台收拾干净，仪器码放整齐	

【考核评价】

素质	内容	评价项目	评价		
	学习目标		个人评价30%	小组评价30%	教师评价40%
知识20分	应知应会	1. 了解密度计和密度瓶的基本原理 2. 了解密度计和密度瓶的仪器构造 3. 掌握密度计和密度瓶的使用要点			
专业能力60分	准备工作10分	1. 仪器、辅助用品、样品放置符合操作标准 2. 仪器准备符合操作标准 3. 人员准备符合操作标准			
	能正确使用密度计和密度瓶测定样品的相对密度20分	1. 操作方法、程序正确 2. 能用规范的操作完成称取			
	能够正确填写报告单并计算数据20分	1. 能用规范的数据及文字填写报告单 2. 计算方法正确，结果准确			
	遵守安全、卫生要求10分	1. 遵守实验室安全规范 2. 遵守实验室卫生规范			
通用能力10分	动作协调能力	动作灵活、准确，双手配合协调			
	与人合作能力	与同学互相配合，团结互助			
态度10分	工作态度	认真、细致、勤劳			
总分					
平均分					

【思考与练习】

1．简述液体的密度和相对密度的概念。

2．实训题

现需测定白酒样品的酒精度，请采用密度瓶法进行测定并将数据记录在表5—1—5中。

提示：可参考GB/T 10345—2007。

表5—1—5　　数据记录表

样品名称：________　检验员：________　检验日期：________

项目＼编号	001	002	003
m_0（空密度瓶质量；g）			
m_1（空密度瓶加蒸馏水质量；g）			
m_1（空密度瓶加样品质量；g）			
d_4^{20}（相对密度）			
平均值			

任务2　植物油折射率的测定

【学习目标】

1. 了解阿贝氏折光计的仪器构造。
2. 掌握阿贝氏折光计的读数与计算方法。
3. 能使用阿贝氏折光计测定折射率。
4. 查阅学习资料，小组协作完成对果汁可溶性固形物的测定

【任务引入】

现有植物油样品一种，如图5—2—1所示，根据送检要求，需快速测定植物油的折

射率，试选取相应仪器，并按步骤进行测定。

【任务分析】

根据 GB/T 5527—2010《动植物油脂折光指数的测定》的规定，可选择阿贝氏折光计来测定该植物油脂的折射率。

图 5—2—1　植物油样品

【相关知识】

一、阿贝氏折光计概述

阿贝氏折光计如图 5—2—2 所示。其折射率刻度范围为 1.300 0 ～ 1.700 0，测量精确度 ±0.000 3，可测量糖溶液浓度范围为 0%～95%，测定温度为 0 ～ 70℃的折射率。

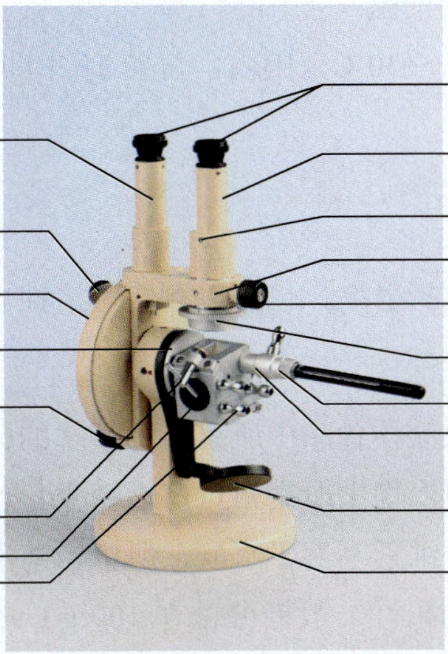

图 5—2—2　阿贝氏折光计

1—底座　2—棱镜转动手轮　3—圆网盘组（内有刻度板）　4—小反光镜　5—支架　6—读数镜筒　7—目镜　8—望远镜筒　9—示值调节螺钉　10—阿米西棱镜手轮　11—色散值刻度圈　12—棱镜锁紧扳手　13—棱镜组　14—温度计座　15—恒温器接头　16—保护罩　17—主轴　18—反光镜

二、折射率数值的读取

在读取测定温度下油脂折射率数值（n^t）时应读取目镜视野右侧标尺的数值。

【例】　请从图 5—2—3 上，读取油脂折射率测定数值。

解：读取测定温度下油脂折射率数值（n^t）应读取右侧标尺读数，此行标尺每一小格刻度值为 0.001 0，可以从图上看出，刻线从 1.340 处开始经过 7 个小格停留在 1.340 ~ 1.350 之间，其值为 7×0.001 0=0.007 0，所以此图显示的油脂折射率数值为 n^t=1.340+0.007 0=1.347 0，结果保留至小数点后第四位。

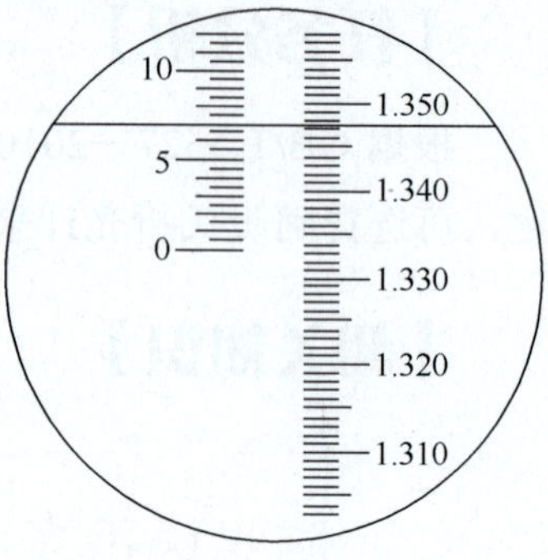

图 5—2—3

三、折射率数值的计算

标尺读数显示的是测定温度下的折光率。如测定温度不在 20℃时，必须按公式 5—2—1 换算为 20℃时的折光率（n^{20}）。

折光率（n^{20}）=n^t+0.000 38×（t−20）（式 5—2—1）

式中 n^t——油温在 t℃时测得的折光指数；

t——测定折光指数时的油温；

0.000 38——油温在 10 ～ 30℃范围内，每差 1℃时折光指数的校正系数。

四、可溶性固形物含量测定

阿贝氏折光计既可以测定折射率，也可以测定可溶性固形物含量。

1. 可溶性固形物的概念

可溶性固形物是指液体或流体食品中所有溶解于水的化合物的总称。包括糖、酸、维生素、矿物质等。可溶性固形物主要是指可溶性糖类，包括单糖、双糖，多糖（除淀粉外，纤维素、几丁质、半纤维素不溶于水），所以当溶液中只含有可溶性糖类时，也可以称为糖量浓度，我们喝的果汁一般糖分都在 100 g/L 以上（以葡萄糖计），主要是蔗糖、葡萄糖和果糖，可溶性固形物可以达到 9%左右。测定可溶性固形物还可以衡量水果成熟情况，以便确定采摘时间。

2. 可溶性固形物数值的读取与计算

在使用阿贝氏折光计测定可溶性固形物含量时，仪器的操作方法与测定油脂折射率时的操作方法相同，只有在读取数据和数据处理时略有不同。

（1）读取。在读取测定温度下可溶性固形物含量（%）时应读取目镜视野左侧标尺的数值。

【例】 请从图 5—2—4 上，读取可溶性固形物含量（%）测定数值。

解：读取测定温度下可溶性固形物含量（%）应读取左侧标尺的读数，此行标尺每一小格刻度值为 0.5，可以从图上看出，刻线从 5 处开始经过 4 个小格停留在 5 ~ 10 之间，其值为 4×0.5=2.0，所以此图显示的油脂折射率数值为可溶性固形物含量（%）=5+2.0=7.0，结果保留至小数点后第一位。

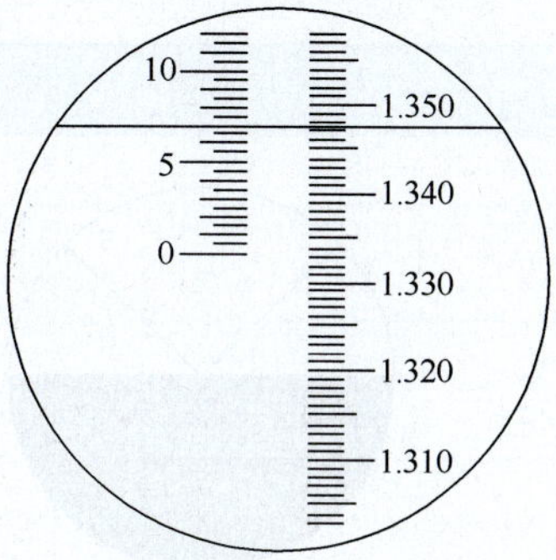

图 5—2—4 读数

（2）计算

1）温度不在 20℃时，查折光计测定可溶性固形物温度校正表（见附录 2），将检测读数校正为 20℃标准温度可溶性固形物含量。

2）计算

①未经稀释的试样，温度校正后的读数即为试样的可溶性固形物含量。

②稀释过的试样，可溶性固形物的含量按公式 5—2—2 计算：

$$可溶性固形物的含量（\%）= p\times\frac{m_1}{m_0} \qquad（式 5—2—2）$$

式中 p——测定液可溶性固形物含量（质量分数），%；

m_0——稀释前试样质量，g；

m_1——稀释后试样质量，g。

同一试样取两个平行样测定，以其算术平均值作为测定结果，保留一位小数。

两个平行样的测定结果最大允许绝对差，在未经稀释的试样为 0.5%，在稀释过的试样为 0.5% 乘以稀释倍数（即稀释后试样克数与稀释前试样克数的比值）。

【任务实施】

一、实验准备

1. 仪器

阿贝氏折光计、烧杯、胶头滴管、标准试样（标准块）、脱脂棉、镊子。

2. 试剂

乙醚（乙醚不能在空气中长时间放置，应现用现从冰箱中取出，用完及时盖好试剂瓶盖）或乙醇、溴代萘。

3. 样品

植物油。

二、调试仪器

配图	操作方法	注意事项
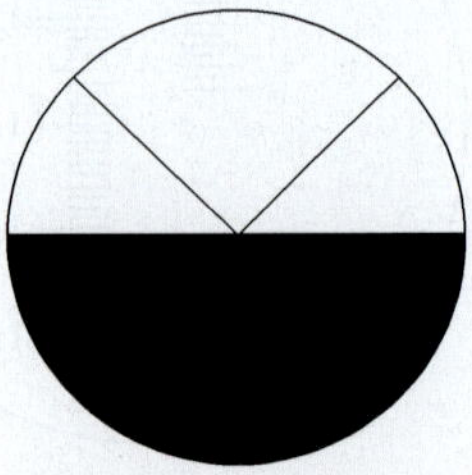	（1）将标准试样的抛光面上加一滴溴代萘，贴在折射棱镜的抛光面上，观察望远镜内明暗分界线是否在十字线中间	1）标准试样的抛光面的一端应向上，以接收光线 2）如有偏差用附件螺丝刀转动示值调节螺钉使明暗分界线调整至中央 3）在以后测定过程中螺钉不允许再动
	（2）用蘸有乙醚的脱脂棉将进光棱镜及折射棱镜擦干	1）严禁用手触及光学零件，如光学零件不清洁，可先用乙醚后再用二甲苯擦干净 2）用镊子夹取蘸有乙醚的脱脂棉使用

三、样品测定

配图	操作方法	注意事项
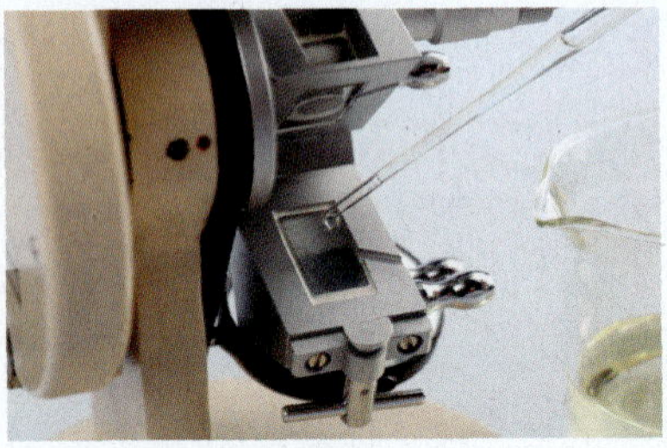	（1）用滴管滴加样液1～2滴于进光棱镜的磨砂面上，迅速将两块棱镜闭合，调节反射镜，使光线射入棱镜中	1）加样不宜过多，如胶头滴管加样时液滴过大，可临时改用圆头玻璃棒蘸取样品涂抹在磨砂面上 2）若被测液体为易挥发物则测定过程中须用针筒往棱镜组侧面的一小孔内加以补充
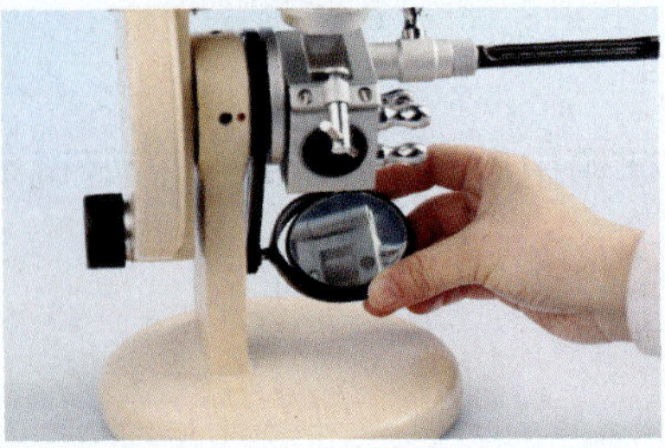	（2）静止1 min，使试液均匀，无气泡，并充满视野，将两块棱镜闭合，调节反射镜，使光线射入棱镜中	

续表

配图	操作方法	注意事项
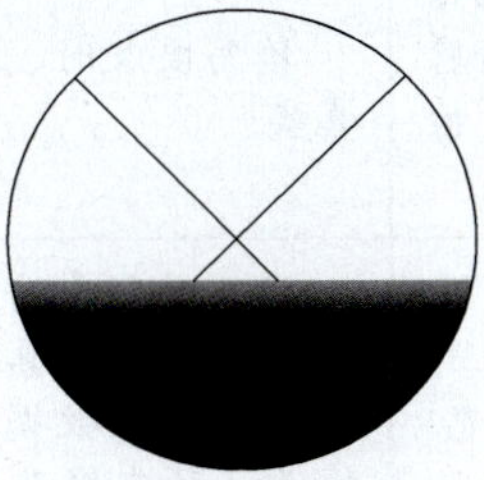	（3）由目镜观察，旋转棱镜转动手轮，使视野形成明暗两部分	视野中只有单一颜色时，可通过棱镜转动手轮，将黑白两色调整至视野内，如调整后仍没有看到黑白两色，可以考虑调整仪器
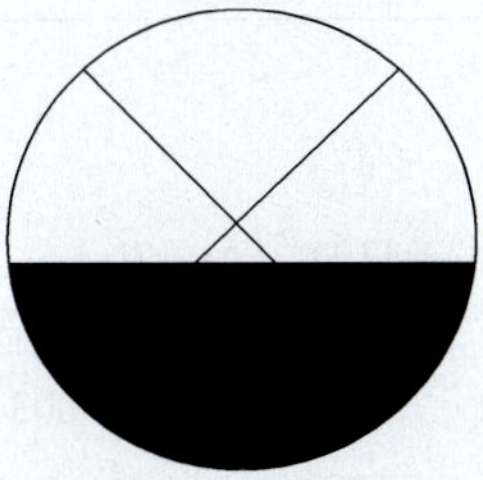	（4）旋转阿米西棱镜手轮，使视野中除黑白两色外无其他颜色	明暗两部分必须分明，分界线必须清晰，不模糊
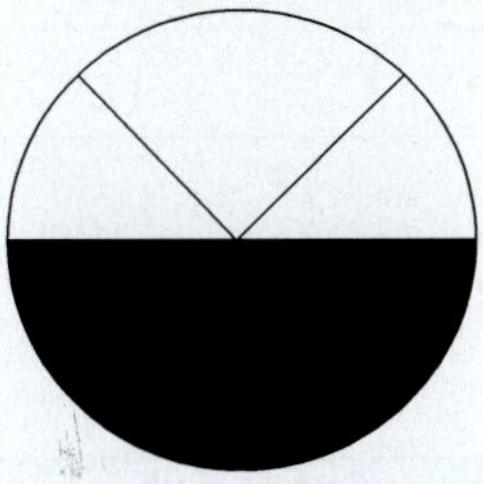	（5）再转动棱镜转动手轮，使明暗分界线在十字线交叉点上，由读数镜筒内读取读数	1）读数时，明暗分界线一定要调到目镜的十字交叉点上 2）每次测量后必须用洁净的软布揩拭棱镜表面，油类用乙醇、乙醚或苯等轻轻擦拭

四、数据记录

配图	操作方法	注意事项
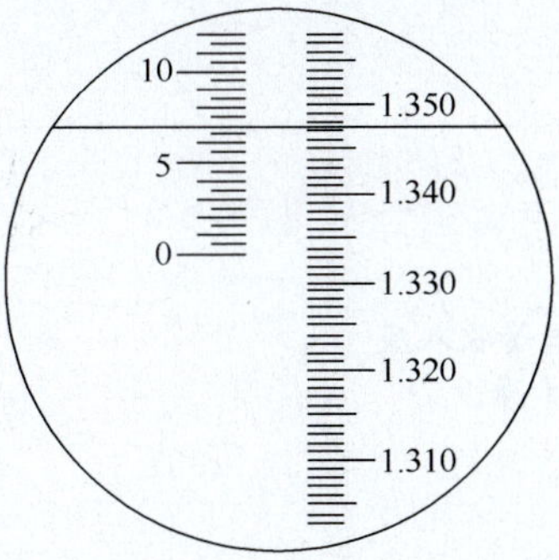	（1）读取测定温度下的植物油折射率数值，如测定温度不是20℃，按式5—2—1进行计算，并将数据记录在表5—2—1中。	等待1～2 min，温度稳定后，再读取温度

续表

配图	操作方法	注意事项
	（2）填写好报告单的基础信息（取样日期、送检日期、检验日期、样品名称、检测项目、检验员信息等）	填写要及时、准确、真实
	（3）填写好相应的数据信息	填写过程中为体现数据的可靠性和真实性，不允许修改数据，如有修改必须在修改处签字盖章

表 5—2—1　　　　数据记录表

样品名称：________　　检验员：________　　检验日期：________

编号 项目	001	002	003
温度（℃）			
样品折射率			
平均值			

五、清洗放置

配图	操作方法	注意事项
	（1）测量结束后将棱镜用脱脂棉蘸乙醚擦拭干净，挥发干燥后将仪器装箱	
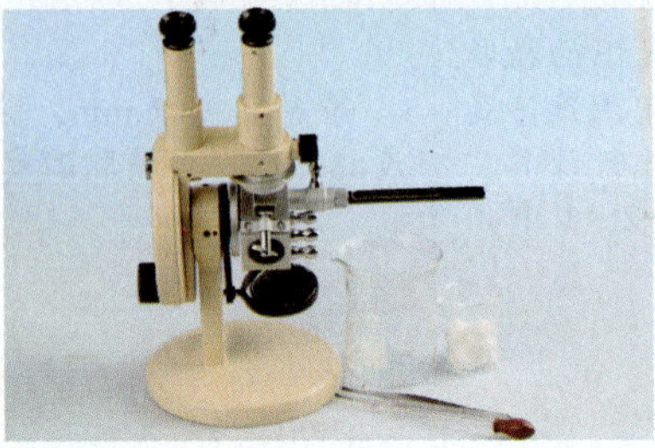	（2）将使用过的滤纸等收入废物缸，并将实验台收拾干净	

【考核评价】

<table>
<tr><td rowspan="2">素质</td><td>内容</td><td rowspan="2">评价项目</td><td colspan="3">评价</td></tr>
<tr><td>学习目标</td><td>个人评价 30%</td><td>小组评价 30%</td><td>教师评价 40%</td></tr>
<tr><td>知识 20分</td><td>应知应会</td><td>1. 了解阿贝氏折光计的仪器构造
2. 了解折射率与可溶性固形物的概念
3. 掌握阿贝氏折光计的读数与计算方法</td><td></td><td></td><td></td></tr>
<tr><td rowspan="5">专业能力 60分</td><td>准备工作 10分</td><td>1. 仪器、试剂、样品准备充分
2. 试验方案设计正确
3. 样品处理方法正确</td><td></td><td></td><td></td></tr>
<tr><td>仪器使用 10分</td><td>熟练使用阿贝折光计</td><td></td><td></td><td></td></tr>
<tr><td>操作规范 10分</td><td>1. 操作流程熟练
2. 操作规范</td><td></td><td></td><td></td></tr>
<tr><td>检验报告 20分</td><td>1. 原始记录填写清晰
2. 数据分析正确
3. 检验报告填写正确</td><td></td><td></td><td></td></tr>
<tr><td>遵守安全、卫生要求 10分</td><td>1. 具有安全防护意识
2. 卫生规范</td><td></td><td></td><td></td></tr>
<tr><td rowspan="2">通用能力 10分</td><td>语言能力 5分</td><td>专业术语表达正确</td><td></td><td></td><td></td></tr>
<tr><td>与人合作能力 5分</td><td>与同学互相配合，团结互助</td><td></td><td></td><td></td></tr>
<tr><td>态度 10分</td><td>工作态度</td><td>认真、细致、勤劳</td><td></td><td></td><td></td></tr>
<tr><td colspan="3">总分</td><td></td><td></td><td></td></tr>
<tr><td colspan="3">平均分</td><td colspan="3"></td></tr>
</table>

【思考与练习】

1．简述折射率在植物油检测中的意义。

2．实训题

现有1种果汁样品须分别测定其可溶性固形物含量，请使用阿贝氏折光计进行测定。

提示：

（1）可参考 GB/T 12143—2008。

（2）仪器的使用方法与植物油折射的测定试验中仪器的使用方法相同。

（3）读取时，应读取可溶性固形物含量一侧数值。

任务3　面包比体积的测定

【学习目标】

1. 了解面包比体积的概念及测定意义。
2. 掌握面包比体积的计算方法。
3. 能使用比体积测定仪测定不同体积面包的比体积。

【任务引入】

现有两种面包样品，如图5—3—1所示，根据送检要求需快速测定面包样品的比体积值，试选取相应仪器，并按步骤进行测定。

a)　　b)

图5—3—1　面包样品

【任务分析】

要完成本任务，需了解比体积的概念及其对食品质量的影响。同时根据GB/T 20981—2007《面包》规定，可选择面包比体积测定仪进行测定，且两种面包在体积上要有所区别，应根据样品体积是大于400 mL还是小于400 mL确定相应的检测方法进行测定。

【相关知识】

一、比体积

比体积是指单位质量的固态食品所具有的体积（mL/100 g或mL/g）。与此相关的类似指标还有固体饮料的颗粒度（%）、饼干的块数（块/kg）、冰淇淋的膨胀率（%）等。

二、比体积对食品质量的影响

比体积是固态食品如固体饮料、麦乳精、豆浆晶、面包、饼干、冰淇淋等食品很重要的一项物理指标，这些指标直接影响产品的感官质量，也是其生产工艺过程中质量控制的重要参数。

面包比体积过小，内部组织不均匀，风味口感会受影响；比体积过大，体积过分膨胀，内部组织粗糙，外形易塌陷，面包质量减少。麦乳精的比体积反映了其颗粒的密度，也影响其溶解度。比体积小、密度大，体积达不到要求；而体积过大，密度小，质量达不到要求，严重影响其外观质量。冰淇淋的膨胀率，是在生产过程中的凝冻阶段形成的。混合物料在强烈搅拌下迅速冷却，形成细微冰晶，由于强烈的搅拌使空气的极细微气泡大量混入，并均布于物料中，使物料体积增大，从而使冰淇淋具有良好的组织状态及细腻的口感。过高或过低的膨胀率对冰淇淋的风味和口感均会产生不良影响。冰淇淋的膨胀率过大，成品过于松软，不易保持形状；膨胀率过低，则口感坚硬冰冷。冰淇淋的最佳膨胀率为 90%～100%。

三、面包比体积的测定

一般选择面包比体积测定仪测定面包比体积。面包比体积测定仪又称比容测定仪，是测量面包、糕点和各类不规则固定食品体积的专用计量仪器，如图 5—3—2 所示。

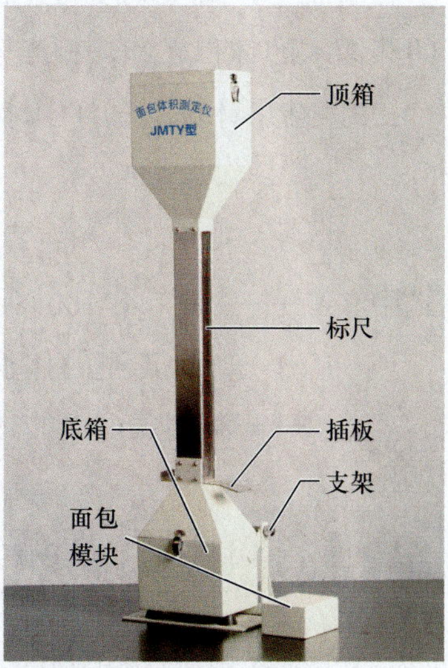

图 5—3—2 面包比体积测定仪

1. 使用注意事项

（1）要安置在干燥、清洁处，保持箱体内的清洁卫生。

（2）每次实验前要检查零点，实验后要将待测食品的碎渣清理干净。

（3）在使用过程中，插板的插入和拔出，用力要求适量，要使填充物自然落下，不要碰撞仪器，以免影响测量结果。

（4）填充物（油菜籽）使用前的处理：将除去杂质并洗去灰尘的油菜籽约 2 kg，晾干后放入 105℃以下的烘箱内，烘 30 min，取出冷却后放入塑料袋中备用。

2. 比体积计算

$$v = \frac{V}{m} \qquad \text{（式 5—3—1）}$$

式中　v——面包比体积，mL/g；

V——面包体积，mL；

m——面包质量，g。

四、冰淇淋膨胀率的测定

1．准确量取体积为 50 cm^3（mL）的冰淇淋样品，放入插在 250 mL 的容量瓶上的玻璃漏斗中，缓慢加入 40～50℃的蒸馏水 200 mL，将冰淇淋全部移入容量瓶中。在温水中保温，待泡沫消除后冷却。

2．吸取 2 mL 乙醚注入容量瓶中，去除溶液中的泡沫，然后用滴定管滴加蒸馏水于容量瓶中，直至刻度为止，记录滴加蒸馏水的体积。加入的乙醚体积和从滴定管滴加的蒸馏水的体积之和，相当于 50 cm^3（mL）冰淇淋中的空气量。

3．结果计算　试样中冰淇淋的膨胀率按下式进行计算。

$$X=\frac{V_1+V_2}{50-\left(V_1+V_2\right)}\times 100\%$$

式中　X——膨胀率，100%；

V_1——加入乙醚的体积，mL；

V_2——滴加蒸馏水的体积，mL。

五、固体饮料比体积的测定

1．称取颗粒饮料 100 g。

2．倒入 250 mL 的量筒中，轻轻摇平后记录下固体颗粒度的体积（mL），即为固体饮料的比体积。

【任务实施】

一、实验准备

1．仪器

电子天平、面包比体积测定仪。

2．样品

面包。

二、样品测定

1. 当待测面包体积不大于 400 mL 时

配图	操作方法	注意事项
	（1）称量待测面包	精确至 0.1 g
	（2）先把底箱盖盖好，打开顶箱盖子和插板，从顶箱放入填充物，至标尺零线	标尺一定要调至零线处
	（3）盖好顶盖后，反复颠倒几次，再调整填充物加入量至标尺零线	1）反复颠倒后，一定要消除死角空间 2）标尺一定要再次调至零线处
	（4）将填充物倒置于顶箱，，关闭插板开关，打开底箱盖，放入待测面包，盖好底盖	倒置后一定要关闭插板开关；放入待测面包后，底盖一定要盖好
	（5）再将仪器颠倒回底箱在下、顶箱在上的状态，拉开插板使填充物自然落下，在标尺上读出填充物的刻度，即为面包的实测体积	

2. 当待测面包体积大于 400 mL 时

配图	操作方法	注意事项
	（1）称量待测面包	精确至 0.1 g
	（2）先把底箱盖打开，放入 400 mL 的标准模块，盖好底箱	此处放入的是 400 mL 的模块，而非待测面包
	（3）打开顶箱盖子和插板，从顶箱放入填充物，至标尺零线；盖好顶盖后，反复颠倒几次，再调整填充物加入量至标尺零线	1）反复颠倒后，一定要消除死角空间 2）消除死角后，标尺一定要再次调至零线处
	（4）将填充物倒置于顶箱，关闭插板开关，打开底箱盖，取出标准模块，放入待测面包，盖好底盖	倒置后一定要关闭插板开关；放入待测面包后，底盖一定要盖好
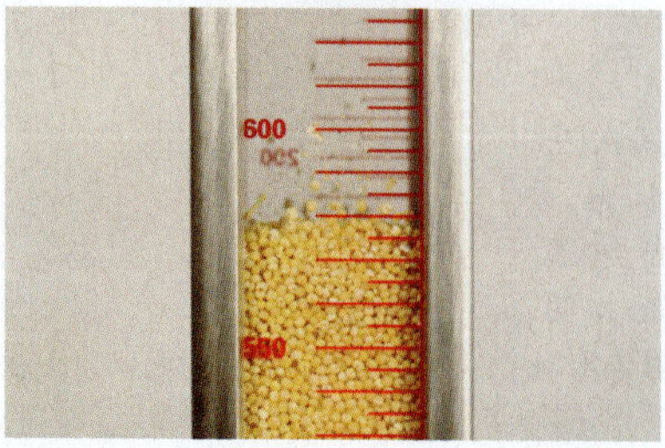	（5）再将仪器颠倒回底箱在下、顶箱在上的状态，拉开插板使填充物自然落下，在标尺上读出填充物的刻度，即为面包的实测体积	

三、数据记录

配图	操作方法	注意事项
	（1）根据式5—3—1计算面包比体积，并记录在表格中	在重复性条件下获得两次独立测定结果的绝对差值，应不超过0.1 mL/g
	（2）填写好报告单的基础信息（取样日期、送检日期、检验日期、样品名称、检测项目、检验员信息等）	填写要及时、准确、真实
	（3）填写好相应的数据信息	填写过程中为体现数据的可靠性和真实性，不允许修改数据，如有修改必须在修改处签字盖章

表5—3—1　　数据记录表

样品名称：________　检测项目：________　检验员：________

取样日期：________　送检日期：________　检验日期：________

编号 项目	001	002	003
实际测定体积			
比体积			
平均值			

四、清洗放置

配图	操作方法	注意事项
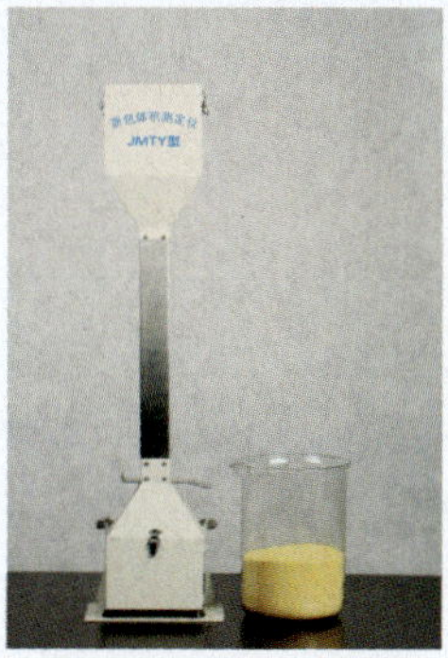	测量结束后，将面包比体积测定仪顶箱和底箱内部擦拭干净，将使用过的样品等收入废物缸，并将实验台收拾干净	

【考核评价】

素质	内容 学习目标	评价项目	评价 个人评价30%	 小组评价30%	 教师评价40%
知识20分	应知应会	1. 了解面包比体积测定仪的仪器构造 2. 了解比体积的概念 3. 掌握面包比体积的计算方法			
专业能力60分	准备工作10分	1. 仪器、辅助用品、样品放置符合操作标准 2. 仪器准备符合操作标准 3. 人员准备符合操作标准			
	能正确使用面包比体积测定仪测定样品比体积20分	1. 操作方法、程序正确 2. 能用规范的操作完成称取			
	能够正确填写报告单，并计算数据20分	1. 能用规范的数据及文字填写报告单 2. 计算方法正确，结果准确			
	遵守安全、卫生要求10分	1. 遵守实验室安全规范 2. 遵守实验室卫生规范			
通用能力10分	动作协调能力	动作灵活、准确，双手配合协调			
	与人合作能力	与同学互相配合，团结互助			
态度10分	工作态度	认真、细致、勤劳			
总分					
平均分					

【思考与练习】

1．简述体积和比体积的区别以及测定食品比体积的意义。

2．实训题

测定冰淇淋的膨胀率。

任务 4　味精旋光度的测定

【学习目标】

1. 了解旋光度和比旋光度的概念。
2. 了解自动旋光仪的结构和原理。
3. 掌握谷氨酸钠的基本特征及含量计算方法。
4. 能使用自动旋光仪测定味精中谷氨酸钠含量的测定。
5. 小组协作执行工作方案，完成对糖液的测定。

【任务引入】

味精是每个家庭必备的调味品之一，味精的化学成分为谷氨酸钠（又称麸氨酸钠），国家标准规定只有谷氨酸钠含量在99%及以上的产品，才能称为味精。一些无良厂家为降低成本，在味精中掺假，所以必须对味精中的谷氨酸钠含量进行实时监控与检测。现有一种味精样品，如图 5—4—1 所示，试选取相应仪器，并按步骤进行测定。

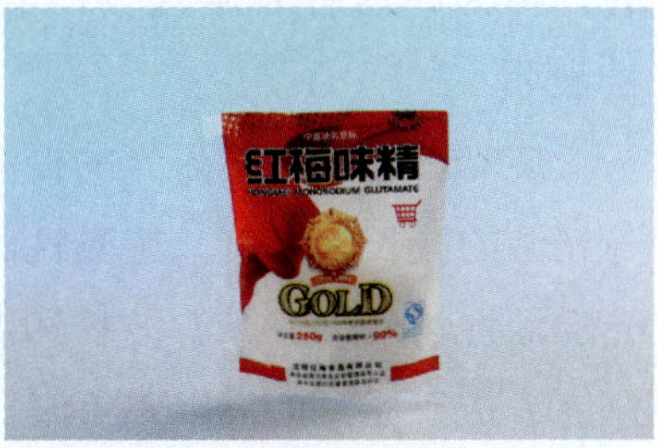

图 5—4—1　味精样品

【任务分析】

根据 GB/T 8967—2007《谷氨酸钠（味精）》，可以选择用旋光仪作为测定的工具，通过测定味精的旋光度来判断味精中谷氨酸钠的含量。

【相关知识】

一、旋光度与比旋光度

光是一种电磁波，光波的振动平面与其前进方向互相垂直。自然光具有无数个与光波前进方向互相垂直的光波振动面，如图 5—4—2a 所示。若使自然光通过尼科尔棱镜，由于只有振动面与尼科尔棱镜的光轴平行的光波才能通过尼科尔棱镜，所以通过尼科尔棱镜的光，只有一个与光的前进方向互相垂直的光波振动面。这种只在一个平面上振动的光叫做平面偏振光，简称偏振光，如图 5—4—2b 所示。

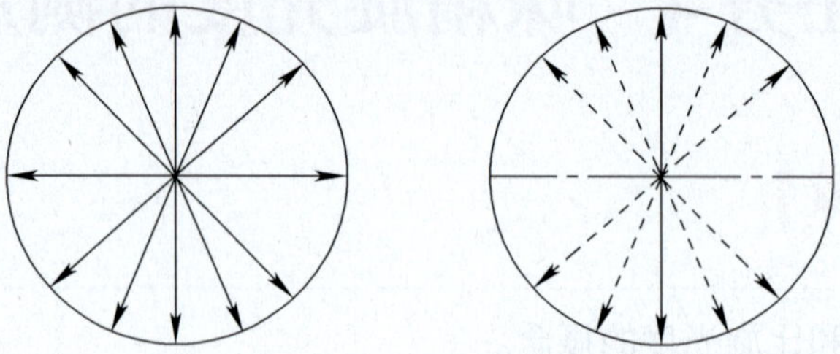

图 5—4—2　光波平面振动

a）自然光　b）偏振光（虚线部分）

物质能使偏振光的振动平面旋转一定角度的性质，称为旋光性或光学活性。具有旋光性的物质，叫做旋光性物质或光学活性物质。许多食品成分都具有光学活性，如氨基酸、生物碱和碳水化合物等。其中能把偏振光的振动平行向右旋转的，称为“具有右旋性”，以“＋”号表示；反之，称为“具有左旋性”，以“－”号表示。

旋光性物质使偏振光的振动平面旋转的角度叫做旋光度，以 α 表示。旋光度的大小与光源的波长、温度、旋光性物质的种类、溶液的浓度及液层的厚度有关。对于特定的光学活性物质，在光源波长和温度一定的情况下，其旋光度 α 与溶液的浓度 c 和液层的厚度 L 成正比，即：$\alpha=KcL$。

当旋光性物质的浓度为 1 g/mL，液层厚度为 1 dm 时所测得的旋光度称为比旋光度，以 $[\alpha]_\lambda^t$ 表示。由上式可知：$[\alpha]_\lambda^t = K\times1\times1 = K$ 。

即

$$[\alpha]_\lambda^t = \frac{\alpha}{Lc} \text{或} c = \frac{\alpha}{[\alpha]_\lambda^t L} \qquad \text{（式 5—4—1）}$$

式中　$[\alpha]_\lambda^t$——比旋光度，（°）；

t——温度，℃；

λ——光源波长，nm；

α——旋光度，（°）；

L——液层厚度或旋光管长度，dm；

c——溶液浓度，g/mL。

比旋光度与光的波长及测定温度有关。通常规定用钠光灯 D 线（波长 589.3 nm）在 20℃时测定，在此条件下，比旋光度用 $[\alpha]_D^{20}$ 表示。

二、谷氨酸钠

谷氨酸钠（$C_5H_8NO_4Na$），化学名称 α - 氨基戊二酸一钠，是一种由钠离子与谷氨酸根离子形成的盐，其结构如图 5—4—3 所示，其中谷氨酸是一种氨基酸，而钠是一种金属元素。生活中常用的调味料味精的主要成分就是谷氨酸钠。

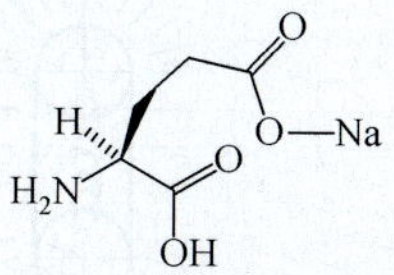

图 5—4—3　谷氨酸钠结构式

味精中谷氨酸钠的含量与样品的旋光度、浓度等均有关系，其计算方法，如式 5—4—2 所示。

$$X=\frac{\frac{\alpha}{L\times c}}{25.16+0.047\left(20-t\right)}\times 100 \qquad \text{（式 5—4—2）}$$

式中　X——样品中谷氨酸钠含量，%；

α——是测试样液的旋光度，（°）；

L——旋光管长度（液层厚度），dm；

c——1 mL 试样液中含谷氨酸钠的质量，g/mL；

25.16——谷氨酸钠的比旋光度，$[\alpha]_D^{20}$，（°）；

0.047——温度校正系数；

t——测定时试液的温度，℃。

三、旋光仪

1. 手动旋光仪

（1）手动旋光仪的组成。旋光仪是用于测定溶液旋光度的仪器，有普通旋光仪、自动旋光仪等多种型号，常用的是 WXG 型旋光仪，主要由光源、起偏镜、旋光管（样品管）和检偏镜组成，如图 5—4—4 所示。光源为炽热的钠光灯，能发出波长为 589.3 nm 的单色光。起偏镜是尼科尔棱镜，样品管用于装待测溶液，其长度通常有 1 dm 和 2 dm 等几种。当偏振光通过装有旋光性物质的样品管后，由于物质的旋光性是偏振光不能通过检偏镜，此时需要检偏镜旋转一定角度后才能通过。此角度可由装在检偏镜上的标尺盘指示出来，该角度即为待测溶液的旋光度。

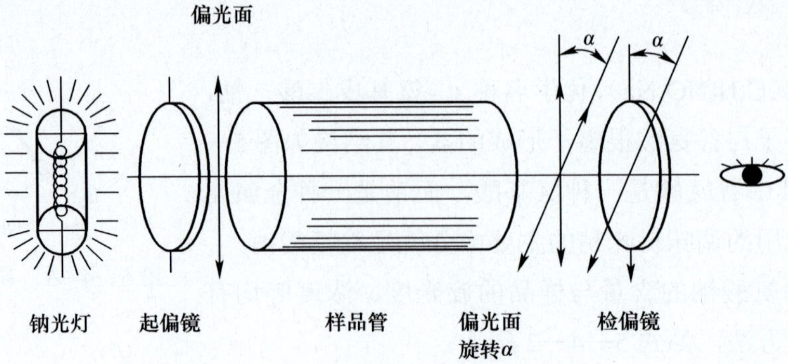

图 5—4—4　旋光仪构造及其工作原理

（2）手动旋光仪的光学结构。WXG-4 型圆盘旋光仪的光学系统结构，如图 5—4—5 所示。

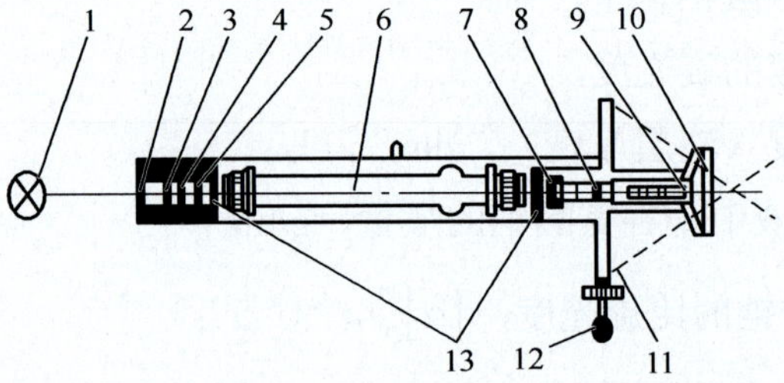

图 5—4—5　WXG-4 型圆盘旋光仪光学系统结构

1—光源（钠光）　2—聚光镜　3—滤色镜　4—起偏镜　5—半荫片　6—旋光管　7—检偏镜　8—物镜　9—目镜　10—放大镜　11—刻度盘　12—刻度盘转动手轮　13—保护片

（3）手动旋光仪的工作原理。旋光仪的工作原理如图 5—4—6 所示。

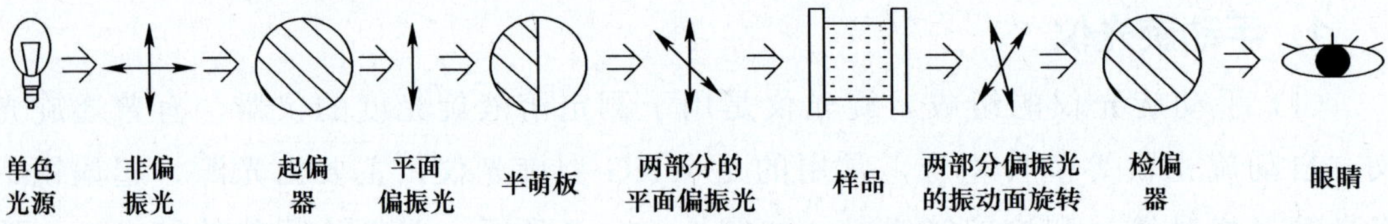

图 5—4—6　手动旋光仪工作原理

从光源发出的自然光通过起偏镜，变为在单一方向振动的偏振光，当此偏振光通过盛有旋光性物质的旋光管时，振动方向旋转了一定的角度，此时偏振光不再能全部通过检偏镜。调节附有刻度盘的检偏镜，使最大的光线通过（相当于检偏镜和起偏镜平行时的光线通过量），检偏镜所旋转的角度和方向显示在刻度盘上，即为该物质实测的旋光度。

2. 自动旋光仪（以 WZZ-3 型自动旋光仪为例）

（1）自动旋光仪的用途。旋光仪是测定物质旋光度的仪器，通过对样品旋光度的测定，可以分析确定物质的浓度、含量及纯度。WZZ-3 型自动旋光仪采用电光检测自动平衡原理。自动测量的结果由点阵液晶显示，包含了旋光度、比旋度、溶液浓度和糖度四种测量工作模式。

（2）自动旋光仪的结构及原理。WZZ-3 型自动旋光仪采用 20 W 钠光灯作光源，由小孔光栏和物镜组成一个简单的点光源平行光管，如图 5—4—7 所示，平行光经偏振镜（一）变为平面偏振光，其振动平面为 *OO*，当偏振光经过有法拉第效应的磁悬线圈时，其振动平面产生 50 Hz 的 β 角往复摆动，光线经过偏振镜（二）投射到光电倍增管上，产生交变的电信号。

仪器以两偏振镜光轴正交时（即 *OO* 垂直于 *PP*）作为光学零点，此时，α=0°，如图 5—4—8 所示。磁悬线圈产生的 β 角摆动，在光学零点时得到 100 Hz 的光电信号（曲线 *C'*）；在有 α1°、α2° 的试样时得到 50 Hz 的信号，但它们相位正好相反（曲线 *B'*、*D'*）。因此，能使工作频率为 50 Hz 的伺服电动机转动。伺服电动机通过蜗轮，蜗轮将偏振镜转过 α°（$\alpha=\alpha_1$ 或 $\alpha=\alpha_2$），仪器回到光学零点。伺服电动机在 100 Hz 信号的控制下，重新出现平衡指示。

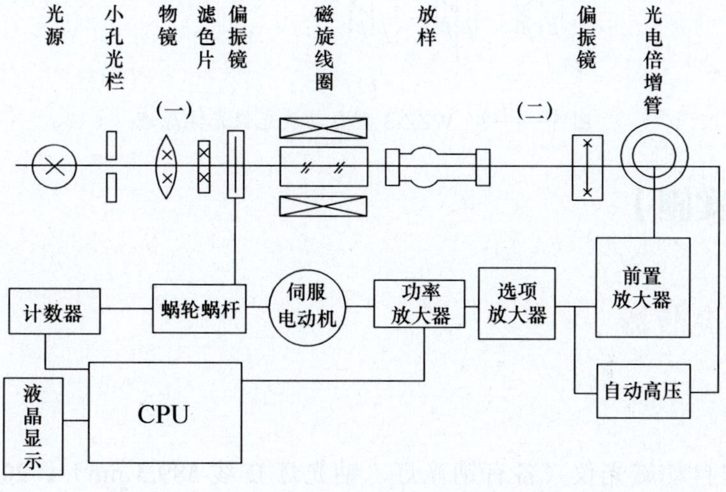

图 5—4—7 WZZ-3 型自动旋光仪光学结构式

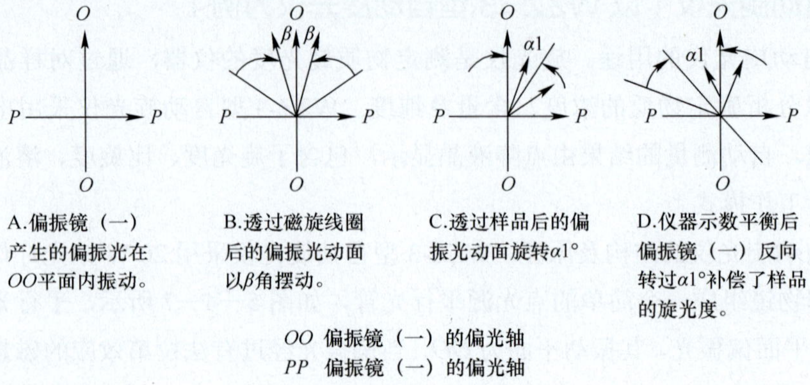

a）

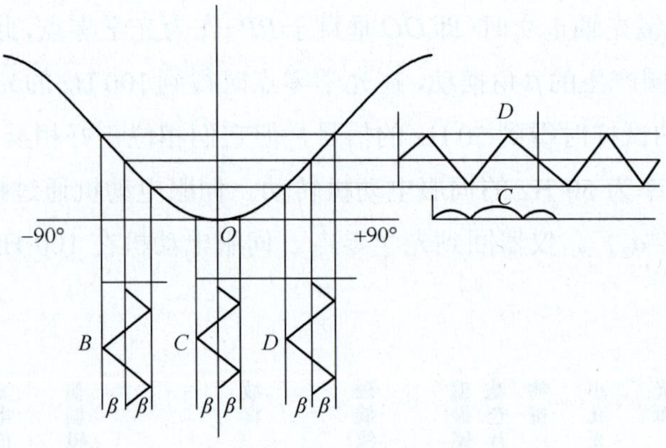

b）

图 5—4—8 WZZ-3 型自动旋光仪光学原理

【任务实施】

一、实验准备

1. 仪器

WZZ-3 型自动旋光仪（备有钠光灯，钠光灯 D 线 589.3 nm）、20 mL 移液管、100 mL 容量瓶、电子分析天平、玻璃棒、烧杯、洗瓶。

2. 试剂

浓盐酸。

3. 样品

味精（称取试样 10 g，精确至 0.000 1 g，加少量水溶解并转移至容量瓶中，加盐酸

20 mL，混匀并冷却至 20℃，定容并摇匀）。

二、样品测定

配图	操作步骤	注意事项
	（1）打开仪器右侧的电源开关，屏幕显示“设备预热 5 min”	这时钠光灯应启辉，需经过 5 min 钠光灯才发光稳定
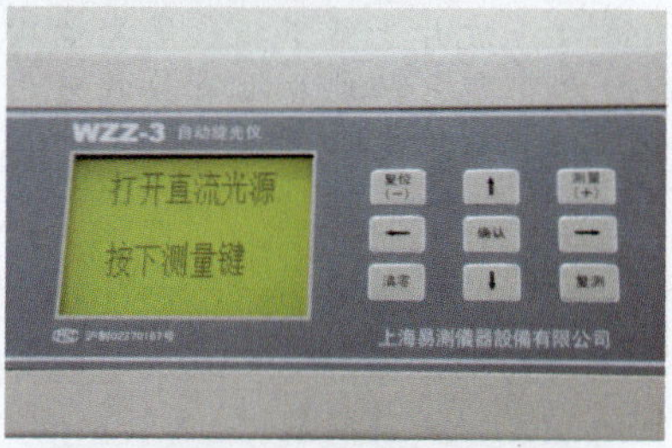	（2）听到声音提示，屏幕出现“打开直流光源，按下测量键”的字样	
	（3）上扳仪器右侧的“光源开关”到直流位置	若光源开关扳上后，钠光灯熄灭，则再将光源开关上下重复扳动 1 ~ 2 次，使钠光灯在直流下点亮
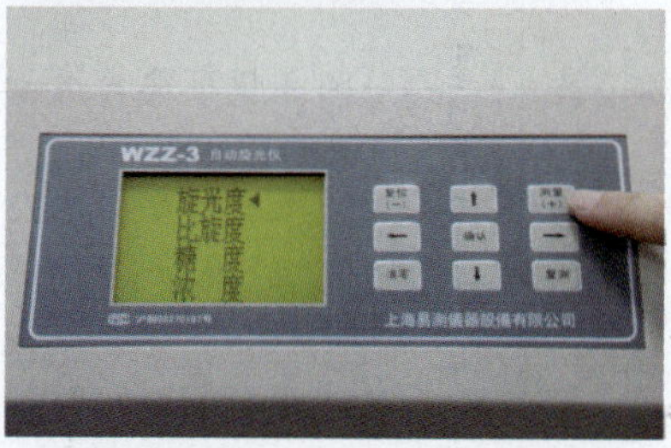	（4）按下“测量”键，屏幕进入“选项菜单”	
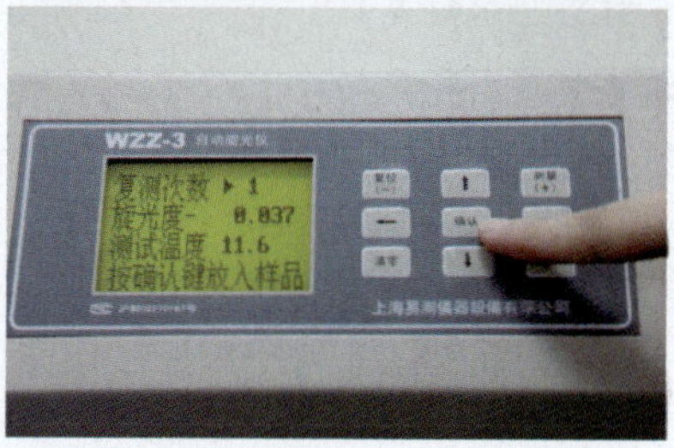	（5）在选项菜单中选定“旋光度”后，按“确认”键，进入测量菜单。	

续表

配图	操作步骤	注意事项
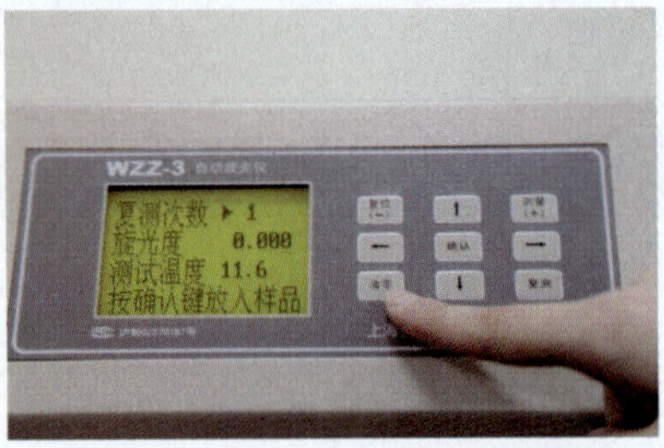	（6）按“→”或“←”选择复测次数为1，按“清零”键	可使用蒸馏水作为校零溶液
	（7）选择合适的样品管（一般为2 dm），将其一端的螺帽旋下，取下玻璃盖片，将样品管竖起，管口朝上，用滴管滴入蒸馏水（20℃ ±0.5℃）至管口，并使用液面凸出管口	在使用样品管时不要触碰两端的玻片，以避免载玻片上留下指纹等影响测定，如玻片上有异物可用酒精擦拭
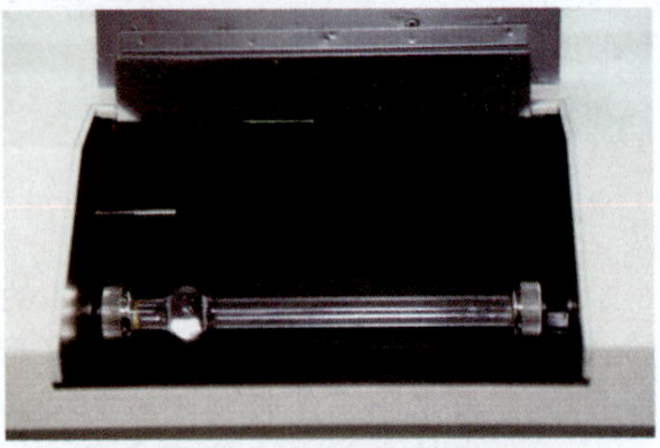	（8）放入样品管	
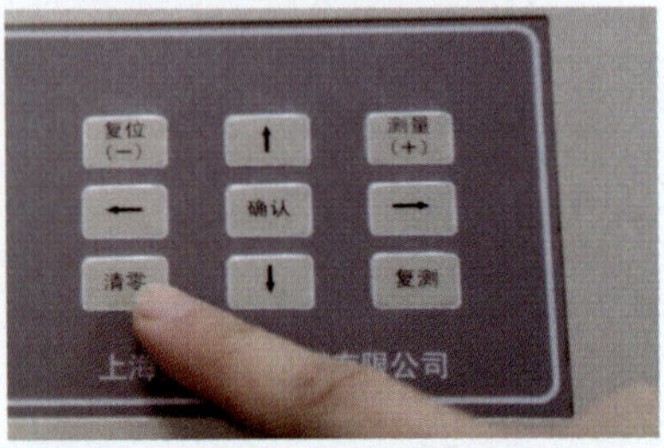	（9）待读数稳定后按“清零”键，拿出溶液	此时测量值可能会有一个读数
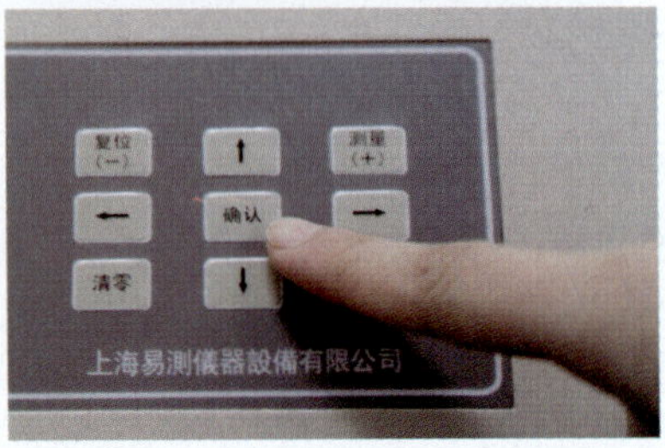	（10）界面返回“测量菜单”，按“→”或“←”选择复测次数3，按“确认”键	

续表

配图	操作步骤	注意事项
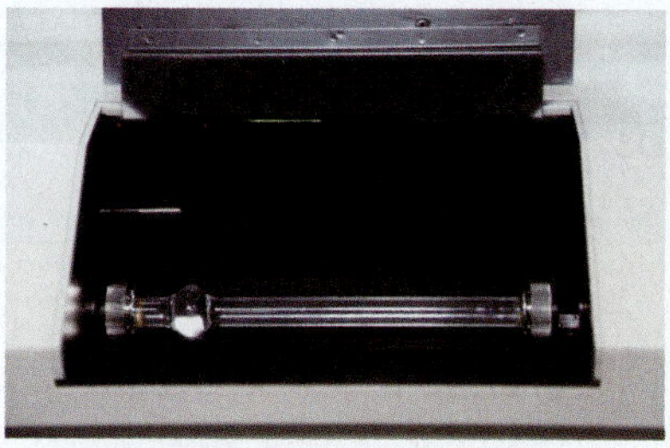	（11）放入被测样品，关闭样品室，待有声音提示后，即表示选定次数的测量数据已被记录	复测次数可选为 1 或 3 或 6

三、数据记录

配图	操作步骤	注意事项
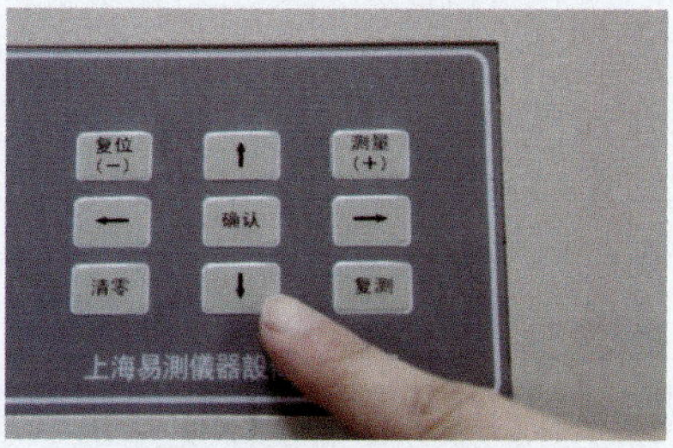	（1）拿出样品按“↑”或“↓”键，查询测量结果，并记录在表 5—4—1 中	
$X=\dfrac{\dfrac{\alpha}{L\times c}}{25.16+0.047(20-t)}\times 100$	（2）根据左式计算，得出样品中谷氨酸钠的含量，并填写在表 5—4—1 中	计算结果保留至小数点后一位
	（3）填写好报告单的基础信息（取样日期、送检日期、检验日期、样品名称、检测项目、检验员信息等）	填写要及时、准确、真实
	（4）填写好相应的数据信息	填写过程中为体现数据的可靠性和真实性，不允许修改数据，如有修改必须在修改处签字盖章

表 5—4—1　　数据记录表

样品名称：________　检测项目：________　检验员：________

取样日期：________　送检日期：________　检验日期：________

项目＼编号	001	002	003
c（g/mL）			
L（dm）			
t（℃）			
α（°）			
X（%）			
平均值			

四、清洗放置

配图	操作步骤	注意事项
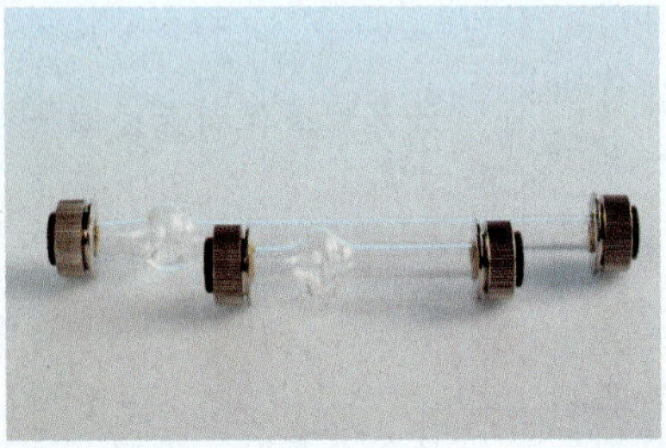	（1）测量结束后将样品管及时用水或蒸馏水冲洗干净，擦干藏好	镜片不能用不洁或硬质的布、纸去擦拭，以免镜片表面产生痕迹等
	（2）将使用过的移液管等清洗干净，清理好废液缸，将仪器码放整理并将实验台收拾干净	1）仪器不用时，应将其放入箱内或用塑料罩罩上，以防灰尘侵入 2）仪器、钠光灯管、旋光管等装箱时，应按规格放置，以免压碎

【考核评价】

素质	内容 学习目标	评价项目	评价 个人评价30%	 小组评价30%	 教师评价40%
知识20分	应知应会	1. 了解旋光度和比旋光度的概念 2. 了解自动旋光仪的相关知识 3. 掌握谷氨酸钠的基本特征及含量计算方法			
专业能力60分	准备工作10分	1. 仪器、辅助用品、样品放置符合操作标准 2. 仪器准备符合操作标准 3. 人员准备符合操作标准			
	能正确使用旋光仪测定味精旋光度20分	1. 操作方法、程序正确 2. 能用规范的操作完成称取			
	能够正确填写报告单，并计算数据20分	1. 能用规范的数据及文字填写报告单 2. 计算方法正确，结果准确			
	遵守安全、卫生要求10分	1. 遵守实验室安全规范 2. 遵守实验室卫生规范			
通用能力10分	动作协调能力	动作灵活、准确，双手配合协调			
	与人合作能力	与同学互相配合，团结互助			
态度10分	工作态度	认真、细致、勤劳			
总分					
平均分					

【思考与练习】

1．简述旋光度和比旋光度的概念。

2．实训题

现需测定某橙汁饮料的糖度，请根据图5—4—9所示的WZZ-3型自动旋光仪操作流程对该饮料的糖度进行测定。

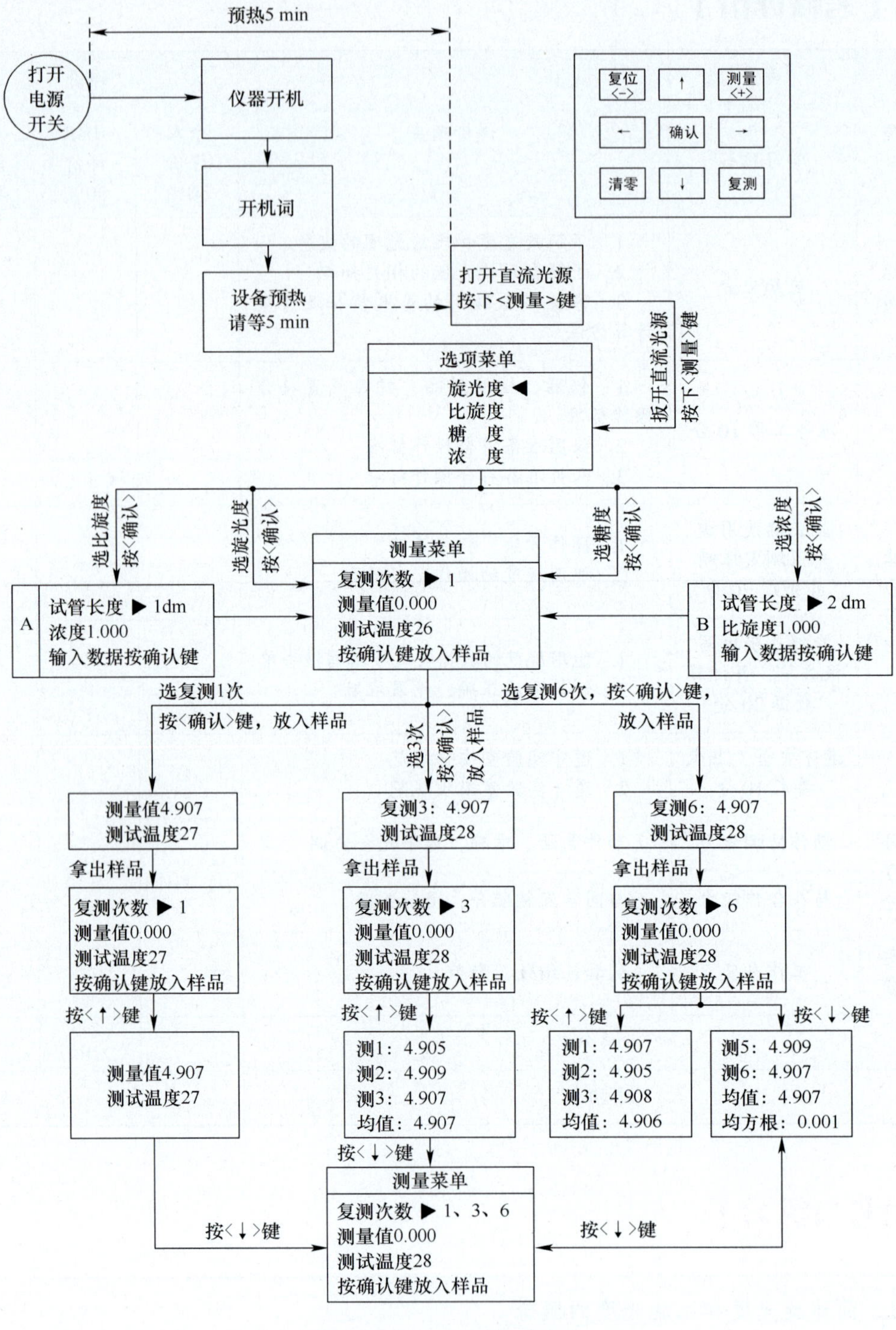
预热5 min
打开电源开关
仪器开机
开机词
设备预热
请等5 min
打开直流光源
按下<测量>键
复位 <−>
↑
测量 <+>
←
确认
→
清零
↓
复测
打开直流光源
按下〈测量〉键
选项菜单
旋光度 ◀
比旋度
糖　度
浓　度
选比旋度
按〈确认〉
选旋光度
按〈确认〉
选糖度
按〈确认〉
选浓度
按〈确认〉
A
试管长度 ▶ 1dm
浓度1.000
输入数据按确认键
测量菜单
复测次数 ▶ 1
测量值0.000
测试温度26
按确认键放入样品
B
试管长度 ▶ 2 dm
比旋度1.000
输入数据按确认键
选复测1次
按〈确认〉键，放入样品
选3次
按〈确认〉
放入样品
选复测6次，按〈确认〉键，
放入样品
测量值4.907
测试温度27
复测3：4.907
测试温度28
复测6：4.907
测试温度28
拿出样品
复测次数 ▶ 1
测量值0.000
测试温度27
按确认键放入样品
复测次数 ▶ 3
测量值0.000
测试温度28
按确认键放入样品
复测次数 ▶ 6
测量值0.000
测试温度28
按确认键放入样品
按〈↑〉键
按〈↓〉键
测量值4.907
测试温度27
测1：4.905
测2：4.909
测3：4.907
均值：4.907
测1：4.907
测2：4.905
测3：4.908
均值：4.906
测5：4.909
测6：4.907
均值：4.907
均方根：0.001
测量菜单
复测次数 ▶ 1、3、6
测量值0.000
测试温度28
按确认键放入样品

图 5—4—9　仪器操作流程

项目六

酸碱滴定分析

任务1　牛奶酸度的测定

【学习目标】

1. 了解食品中酸度及其表示方法。
2. 理解酸碱滴定法及其指示剂的概念。
3. 能运用酸碱滴定法测定牛奶的酸度。
4. 在没有教师的指导下，查阅相关学习资料，向同伴叙述牛奶酸度的滴定原理。

【任务引入】

牛奶的酸度是反映牛奶新鲜度的一项重要指标。图6—1—1是某超市的袋装牛奶。本任务将测定牛奶酸度，进而判断牛奶的新鲜度。

图6—1—1　袋装牛奶

【任务分析】

乳液挤出后在存放的过程中，由于微生物的繁殖，会分解乳糖产生乳酸，从而使乳液的酸度升高。通过检测鲜牛奶的酸度，可判断牛奶的新鲜度。测定酸度利用酸碱滴定法，因此需要了解牛奶酸度及其表示方法、容量分析方法等相关知识。

测定过程依据标准 GB 5413.34—2010《乳与乳制品酸度的测定》。

【相关知识】

一、食品中酸度

1. 总酸度

总酸度是指食品中所有酸性成分的总量。它包括未离解的酸的浓度和已离解的酸的浓度，其大小可借碱滴定来测定，故总酸度又可称为“可滴定酸度”，以食品中主要的有机酸表示。

2. 有效酸度

有效酸度是指被测液中 H^+ 的浓度，准确地说应是溶液中 H^+ 的活度，所反映的是已离解的那部分酸的浓度，常用 pH 值表示。其大小可借酸度计（即 pH 计）来测定。

3. 挥发酸

挥发酸是指食品中易挥发的有机酸，如甲酸、醋酸及丁酸等低碳链的直链脂肪酸。其大小可通过蒸馏法分离，再借标准碱滴定来测定。一种食品的挥发酸含量是一定的，挥发酸的含量是某些食品的一项质量控制指标。

二、牛乳的两种酸度

1. 外表酸度

外表酸度指刚挤出来的新鲜牛乳本身所具有的酸度。主要来源于酪蛋白、白蛋白、柠檬酸盐、磷酸盐等。占牛乳的 0.15%～0.18%（以乳酸计）。

2. 真实酸度

真实酸度指牛奶在放置过程中，在乳酸菌作用下使乳糖发酵产生了乳酸而升高的那部分酸度。不新鲜的牛奶总酸量大于 0.20%。

三、牛奶酸度的表示方法

1. °T 表示牛奶酸度

牛奶°T（滴定酸度）是指滴定 100 mL 牛乳样品，消耗 0.1N NaOH 溶液的毫升数，或滴定 10 mL 样品，结果再乘以 10。新鲜牛乳的酸度常为 16 ～ 18° T。

牛奶中酸度增高，主要是微生物活动的结果，所以测定牛奶中的酸度，可判断牛奶是否新鲜，用0.1N NaOH溶液滴定时，牛奶中的乳酸和0.1N NaOH反应，生成乳酸钠和水。反应式如下：

$$CH_3CH(OH)COOH+NaOH \rightarrow CH_3CH(OH)COONa+H_2O$$

当滴入乳中的 NaOH 溶液被乳酸中和后，多余的 NaOH 就使先加入乳中的酚酞变为红色，因此，根据滴定时消耗的 NaOH 标准溶液就可以得到滴定酸度。

2. 乳酸 %

牛奶的酸度除滴定酸度外，也可用乳酸的百分数来表示，与总酸度的计算方法一样，也可由滴定酸度直接换算成乳酸 %（10° T = 0.09% 乳酸）。如 10 ml 牛奶按 2 ∶ 1 稀释加酚酞用 NaOH 滴定，测定乳酸。

四、容量分析法

容量分析法是根据标准溶液和被测定物质完全作用时所消耗的体积来计算被测物质含量的方法。通过滴定管将标准溶液滴入被测溶液的过程称为滴定。滴定过程中，需在溶液中加指示剂，使溶液有颜色变化作为滴定终点。

根据反应的类型，可将容量分析法分为酸碱滴定法、氧化还原滴定法、沉淀滴定法和综合滴定法四类。

滴定反应的条件：

（1）反应要完全，不能有副反应产生。

（2）反应要迅速，如果反应太慢，可加热或加催化剂来加快反应速度。

（3）有适当的方法和指示剂来确定滴定终点。

（4）溶液中不能有干扰性的杂质存在。

五、酸碱滴定法

是以酸碱中和反应为基础的滴定分析方法。一般强酸和弱酸、强碱和弱碱以及能直接与酸或碱反应的弱酸强碱盐或弱碱强酸盐，都可用酸碱滴定法测定其含量。测定酸和酸性物质时，必须用强碱，如将氢氧化钠用做标准溶液；测定碱或碱性物质时，必须用强酸，如将盐酸用做标准溶液。

在食品检测中有许多含有酸、碱的物质都可用酸碱滴定法测定，如酸碱标准溶液的配制与标定、牛奶酸度的测定、大豆油过氧化值的测定、花生油酸价的测定。

六、酸碱指示剂

在酸碱滴定分析中，酸碱指示剂作为确定酸与碱反应达到完全的试剂，通常是根据溶液颜色变化来确定终点。

1. 变色原理

酸碱指示剂一般是有颜色的有机物质，随溶液 pH 值的不同呈现不同的颜色。

2. 变色范围

指示剂颜色变化的 pH 值的范围，称为指示剂的变色范围。指示剂的变色范围越窄越好，在滴定终点时 pH 值稍有改变，指示剂应可立即由一种颜色变为另一种颜色。

3. 指示剂的选择

（1）强酸强碱相互滴定，溶液呈中性，可选择酚酞或甲基橙作为指示剂。

（2）强酸弱碱相互滴定，溶液呈酸性，可选在偏酸性溶液中变色的指示剂，如甲基橙、甲基红。

（3）强碱弱酸相互滴定，溶液呈碱性，可选在偏碱性溶液中变色的指示剂，如酚酞、百里酚酞等。

【任务实施】

一、实验准备

1. 仪器

电热干燥箱、分析天平、干燥器、铁架台、称量皿、锥形瓶、碱式滴定管、量筒、容量瓶。

2. 试剂及其配制

（1）氢氧化钠标准溶液：c（NaOH）=0.1 mol/L，用时需要进行标定。

（2）酚酞：称取 0.5 g 酚酞溶于 75 mL 体积分数 95% 乙醇中，加入 20 mL 水，然后滴加氢氧化钠至微粉色，加水定容至 100 mL。

3. 样品

牛奶。

二、牛奶酸度的滴定

配图	操作步骤	操作说明
	（1）称取 10 g 已混匀的试样，置于 150 mL 锥形瓶中，加 20 mL 新煮沸冷却至室温的水，混匀	1）精确到 0.001 g 2）蒸馏水需要进行煮沸，去除水中的二氧化碳
	（2）加入 2.0 mL 酚酞指示剂，小心混匀	混合液体为乳白色
	（3）用 0.1 mol/L 氢氧化钠标准溶液滴定，直至微红色，并在 30 s 内不褪色。记录消耗氢氧化钠标准溶液毫升数，计算	近终点要慢滴多搅，要求加半滴至微红色并保持半分钟不褪色

三、数据分析及处理

1. 测定数据记录

表 6—1—1　　　　原始记录表

<table>
<tr><td>检验依据</td><td></td><td colspan="2">检测项目</td><td></td></tr>
<tr><td>仪器名称</td><td></td><td colspan="2">仪器型号</td><td></td></tr>
<tr><td colspan="2" rowspan="2">牛乳酸度的滴定</td><td colspan="3">测定次数</td></tr>
<tr><td>Ⅰ</td><td>Ⅱ</td><td>Ⅲ</td></tr>
<tr><td colspan="2">样品的质量，g</td><td></td><td></td><td></td></tr>
<tr><td colspan="2">空白滴定消耗 NaOH 标准溶液体积，mL</td><td colspan="3"></td></tr>
</table>

续表

<table>
<tr><td rowspan="2">牛乳酸度的滴定</td><td colspan="3">测定次数</td></tr>
<tr><td>Ⅰ</td><td>Ⅱ</td><td>Ⅲ</td></tr>
<tr><td>试样的酸度，°T</td><td></td><td></td><td></td></tr>
<tr><td>试样酸度的平均值，°T</td><td colspan="3"></td></tr>
<tr><td colspan="4">备注：计算结果保留三位有效数字</td></tr>
</table>

2. 数据处理

计算公式如下：

$$X=\frac{C\times V\times 100}{m\times 0.1}$$

式中 X——试样的酸度，°T；

C——氢氧化钠标准溶液的摩尔浓度，mol/L；

V——滴定时消耗氢氧化钠标准溶液体积，mL；

m——试样的质量，g；

0.1——酸度理论定义氢氧化钠的摩尔浓度，mol/L。

【考核评价】

<table>
<tr><td rowspan="2">素质</td><td>内容</td><td rowspan="2">评价项目</td><td colspan="3">评价</td></tr>
<tr><td>学习目标</td><td>自我评价
30%</td><td>小组评价
30%</td><td>教师评价
40%</td></tr>
<tr><td>知识
20分</td><td>应知应会</td><td>1. 了解食品酸度及其表示方法
2. 掌握酸碱滴定法及其指示剂
3. 能测定牛奶酸度</td><td></td><td></td><td></td></tr>
<tr><td rowspan="4">专业
能力
60分</td><td>准备工作10分</td><td>1. 仪器、试剂、样品准备充分
2. 正确配制试剂</td><td></td><td></td><td></td></tr>
<tr><td>仪器使用30分</td><td>1. 熟练使用电子天平
2. 熟练使用滴定管</td><td></td><td></td><td></td></tr>
<tr><td>操作规范10分</td><td>1. 熟练牛奶酸度的测定操作流程
2. 使用滴定管的操作要规范</td><td></td><td></td><td></td></tr>
<tr><td>遵守安全、卫生要求10分</td><td>1. 具有安全防护意识
2. 卫生规范</td><td></td><td></td><td></td></tr>
</table>

续表

素质	内容 学习目标	评价项目	评价 自我评价30%	 小组评价30%	 教师评价40%
通用能力10分	语言能力	专业术语表达准确			
	合作能力	与同学互相配合，团结互助			
	解决问题能力	及时发现问题、解决问题			
态度10分	工作态度	认真、细致、诚实			
总分					
平均分					

【思考与练习】

一、理论题

1．为什么测定牛奶酸度一定要加水？

2．查阅资料，想一想有效酸度和总酸度的测定方法？

二、实训题

白酒总酸的测定。

提示：

1．参考国家标准GB/T 10345—2007《白酒分析方法》中总酸的测定。

2．计算公式

$$X=\frac{c\times V\times 60}{50}$$

式中 X——白酒中总酸的质量浓度（以乙酸计），g/L；

c——氢氧化钠标准滴定溶液的实际浓度，mol/L；

V——测定时消耗氢氧化钠标准滴定溶液的体积，mL；

60——乙酸的摩尔质量，g/mol。

50——吸取样品的体积，mL。

任务 2　花生油酸价的测定

【学习目标】

1. 了解油脂酸败的作用机制。
2. 理解花生油酸价的检测原理。
3. 利用学习资料，与小组成员合作制订花生油酸价的测定方案。
4. 能完成花生油酸价的测定。

【任务引入】

花生油在长期保藏过程中，由于微生物、酶和热的作用会发生缓慢水解，产生游离脂肪酸。而油脂的质量与其中游离脂肪酸的含量有关。一般常用酸价作为衡量标准之一。本任务将完成花生油酸价的测定。

【任务分析】

油脂的酸价越小，说明油脂质量越好，新鲜度和精炼程度越好。通常采用酸碱滴定法进行测定。花生油酸价的测定依据标准 GB/T 5009.37—2003《食用植物油卫生标准的分析方法》进行。

【相关知识】

一、酸败的作用机制

1. 水解酸败

在适当条件下，油脂与水反应生成甘油和脂肪酸的反应叫水解反应。这个反应是分步进行的，先水解生成甘油二酰酯，再水解生成甘油一酰酯，最后水解成甘油。

水解本身对食品脂肪的营养价值无明显影响。因其唯一的变化是将甘油和脂肪酸分子裂开，重要的是其所产生的游离脂肪酸可产生不良气味，影响食品的口感。

2. 氧化酸败（油脂的自动氧化）

油脂的自动氧化，是化合物和空气中的氧在室温下未经任何直接光照，未加任何催化剂等条件下的完全自发的氧化反应，随反应进行，其中间状态及初级产物又能加快其反应速度，故又称自动催化氧化。

脂类物质和氧气反应，生成氢过氧化物和自由基，诱发自动氧化反应，如此循环，最后由游离基碰撞生成的聚合物形成了低分子产物醛、酮、酸和醇等物质， 会破坏脂溶性维生素，导致肠胃不适、腹泻并损害肝脏。

二、酸价的测定原理

酸价是指中和 1 克油脂中游离脂肪酸所需的氢氧化钾的毫克数。在脂肪生产的条件下，酸价可作为水解程度的指标，在其保藏的条件下，则可作为酸败的指标。酸价越小，说明油脂质量越好，新鲜度和精炼程度越好。

植物油中游离的脂肪酸用氢氧化钾标准溶液滴定，油脂中游离脂肪酸与氢氧化钾发生中和反应，从氢氧化钾的消耗量可以计算出游离脂肪酸的含量。

【任务实施】

一、实验准备

1. 仪器

分析天平、碱式滴定管、烧杯、锥形瓶、量筒、铁架台。

2. 试剂及其配制

（1）氢氧化钾标准溶液：c（KOH）=0.050 mol/L，用时需要进行标定。

（2）乙醚与乙醇混合溶液：按乙醚 - 乙醇（2+1）混合， 用氢氧化钾溶液（3 g/L）准确中和至酚酞指示剂呈中性。

（3）酚酞指示剂：10 g/L 乙醇溶液。

3. 注意事项

（1）检查工具设备是否完好。

（2）乙醚有麻醉性、致癌可能性，使用时注意安全。

二、样品测定

配图	操作步骤	操作说明
	（1）称取 3.00 ~ 5.00 g 混匀的试样，置于锥形瓶中	测定深色油的酸价，可减少试样用量，或适当增加混合试剂的用量

续表

配图	操作步骤	操作说明
	（2）加入 50 mL 中和过的乙醚 - 乙醇混合液，振荡使油溶解，必要时可置于热水中，温热促其溶解，冷至室温	加入乙醇可以使碱和游离脂肪酸的反应在均匀状态下进行，以防止反应生成的脂肪酸钾盐离解
	（3）加入酚酞指示剂 2 ~ 3 滴，用氢氧化钾溶液（0.050 mol/L）滴定，至初现微红色，最少维持 0.5 min 不褪色	不便于观察终点时可以改变指示剂，改用 10g/L 麝香草酚酞乙醇溶液，从无色到蓝色即为终点

三、数据记录及处理

1. 测定数据记录

表 6—2—1　　原始记录表

检验依据		检测项目	
仪器名称		仪器型号	
编号 / 名称	测定次数		
	Ⅰ	Ⅱ	Ⅲ
样品质量，g			
氢氧化钾溶液浓度，mol/L			
滴定消耗的氢氧化钾溶液体积，mL			
试样的酸价，mg/g			
试样酸价的平均值，mg/g			
备注：计算结果保留两位有效数字			

2. 数据处理

计算公式如下：

$$X=\frac{V\times c\times 56.11}{m}$$

式中 X——试样的酸价，mg/g；

V——滴定消耗的氢氧化钾溶液体积，mL；

c——氢氧化钾溶液浓度，mol/L；

m——试样重量，g；

56.11——氢氧化钾的相对分子质量。

【考核评价】

素质	内容 学习目标	评价项目	评价 自我评价 30%	评价 小组评价 30%	评价 教师评价 40%
知识 20 分	应知应会	1. 了解油脂酸败的作用机制 2. 理解花生油酸价的检测原理 3. 能完成花生油酸价的测定			
专业能力 60 分	准备工作 10 分	1. 仪器、试剂、样品准备充分 2. 正确配制试剂			
	仪器使用 30 分	1. 熟练使用分析天平 2. 熟练使用滴定管			
	操作规范 10 分	1. 熟练掌握酸价的测定操作流程 2. 使用滴定管的操作要规范			
	遵守安全、卫生要求 10 分	1. 具有安全防护意识 2. 卫生规范			
通用能力 10 分	语言能力	专业术语表达准确			
	合作能力	与同学互相配合，团结互助			
	解决问题能力	及时发现问题、解决问题			
态度 10 分	工作态度	认真、细致、诚实			
总分					
平均分					

【思考与练习】

一、理论题

1. 查阅国标，对食用油酸价和动物油脂酸价的测定方法进行比较，简述不同点。
2. 在测定花生油酸价的过程中，需要注意哪些事项？
3. 除了滴定法测定花生油酸价的方法外，还有什么方法？
4. 花生油酸价测定时，装油的锥形瓶和油样中均不得混有无机酸，这是为什么？

二、实训题

糕点酸价的测定。

提示：

1. 样品处理。取样品 5 ~ 10 g（精确至 0.001 g），置于 100 mL 离心管中，加约 50 mL 石油醚，封口，振摇，放置 30 min 后离心 10 min，除去石油醚，反复操作，至脂肪完全除去。将脱脂后的样品转入 100 mL 带塞试管中，加 50 mL 水溶解，置于 85 ~ 90℃水浴浸提 25 min，冷却至室温后定容，过滤，取滤液 30 mL 于 50 mL 离心管中，离心 10 min，取上清液。

2. 样品测定。同花生油酸价的测定。

任务 3　大豆油过氧化值的测定

【学习目标】

1. 了解油脂在人体中的作用及影响过氧化值的因素。
2. 理解过氧化值的检测原理。
3. 能完成大豆油过氧化值的测定。
4. 查阅相关资料，分析并判定大豆油的过氧化值是否合格。

【任务引入】

大豆油在使用过程中往往因受到温度、空气、光照、水、微生物等诸多因素的影响会逐渐氧化而变质酸败。过氧化物是油脂氧化、酸败过程的中间产物，是油脂中产生的有毒物质之一，对人体健康有极大的危害。因此，测定大豆油的过氧化值具有重要意义。

本任务将完成大豆油中过氧化值的检测。

【任务分析】

一般来说，过氧化值越高油脂酸败程度越高。通常用酸碱滴定法来测定样品过氧化值。油脂在败坏过程中，不饱和脂肪酸的双键被氧化后会生成过氧化物，其氧化能力较强，能将碘化钾氧化成游离碘，依据标准 GB/T 5009.37—2003《食用植物油卫生标准的分析方法》，可用硫代硫酸钠来滴定。

【相关知识】

一、油脂在人体中的作用

油脂广泛存在于各种动、植物体内。它们是食用油脂的重要来源，是膳食中不可缺少的营养物质，主要成分是由多种脂肪酸组成的甘油三酯，并包含其他多种组分的混合物。油脂在人体中的作用大致可分为四个方面：

1. 供给必需脂肪酸。

2. 供给脂溶性维生素，并作为脂溶性维生素的吸收媒介。

3. 油脂在体内还能调节水分蒸发、保护内脏、保温、节约蛋白质消耗及部分代替维生素 B 的作用等。

4. 赋予食物特有的风味，增进人们的食欲。

油脂长期存放时易发生一系列的氧化作用和其他化学变化而变质。变质的结果不仅使油脂的酸价增高，而且由于氧化产物的积聚而呈现出色泽、口味、硬度以及其他一些变化，从而导致油脂的营养价值降低。因此，对油脂进行过氧化值检验以保证食用安全是十分必要的。

二、过氧化值的影响因素

过氧化值是表示油脂和脂肪酸等被氧化程度的一种指标。是 1 kg 样品中的活性氧含量，以过氧化物的毫摩尔数表示。用于说明样品是否因已被氧化而变质。其中影响过氧化值测定的因素如下：

1. 氧气

空气中的氧与油脂接触，能加快油脂氧化，使油脂过氧化值测定结果偏高，因此在过氧化值测定中使用的所有试剂和水中都要尽量减少溶解氧。

2. 温度

在过氧化值测定过程中，温度的高低对测定结果的影响也很大。人们曾经做过一个试验，在不同的温度下做同一个油样，看其过氧化值的变化，最后发现温度越高，过氧化值结果越高，变化也越快，测定结果也越不稳定。

3. 反应时间

油脂称量后放置的时间对测定结果有很大的影响，表现为时间越长，过氧化值越高，与立即测定的结果有显著的差异。因此，油脂样品称量后要立即进行测定，不能一批油脂样品称完以后再测定，这样做会使测定结果偏高，影响测定的准确性。

反应结束后应立即加水稀释并立即用硫代硫酸钠滴定。在滴定过程中，滴定速度对测定结果也有一定的影响，滴定耗费的时间越长，测定结果越高。因此在滴定过程中速度要适当地快一点，以保证结果的准确性。

三、油脂过氧化值的检测原理

油脂过氧化值的测定是根据油脂中所含过氧化物与碘化钾作用，生成游离碘。以硫代硫酸钠标准溶液滴定游离的碘，根据滴定消耗硫代硫酸钠标准溶液的体积，可定量计算油脂中过氧化物值的含量。

【任务实施】

一、实验准备

1. 工具准备

分析天平、碘量瓶、铁架台、碱式滴定管、量筒、玻璃棒。

2. 试剂及其配制

（1）饱和碘化钾溶液：称取 14 g 碘化钾，加 10 mL 水溶解，必要时微热加速溶解，冷却后储于棕色瓶中。

（2）三氯甲烷冰乙酸混合液：量取 40 mL 三氯甲烷，加 60 mL 冰乙酸，混匀。

（3）硫代硫酸钠标准滴定溶液［c（$Na_2S_2O_3$）］=0.002 0 mol/L（用时需要进行标定）。

（4）淀粉指示剂（10 g/L）：称取可溶性淀粉 0.50g，加入少许水，调成糊状倒入 50 mL 沸水中调匀，煮沸，临用时现配。

3. 样品

大豆油。

4. 注意事项

（1）碘化钾在潮湿空气中微有吸湿性，久置会析出游离碘而变成黄色。

（2）三氯甲烷有麻醉性、致癌可能性，使用时注意安全。

（3）冰乙酸易挥发，在通风橱中使用。

二、样品的测定

配图	操作步骤	操作说明
	（1）称取 2.00 ~ 3.00 g 混匀的试样，置于 250 mL 碘量瓶中	必要时要过滤试样
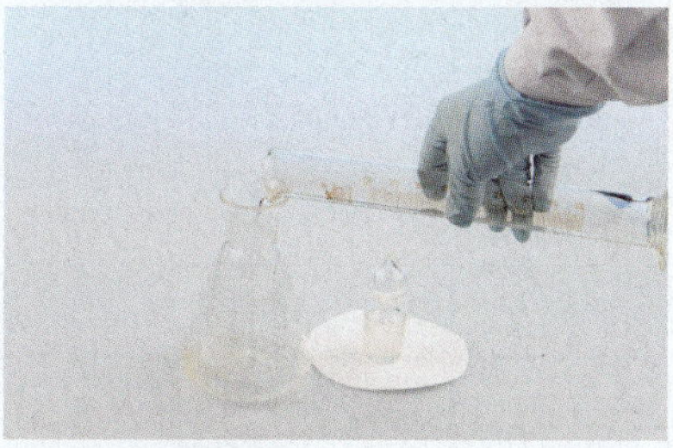	（2）加 30 mL 三氯甲烷 - 冰乙酸混合液，使试样完全溶解	溶解充分
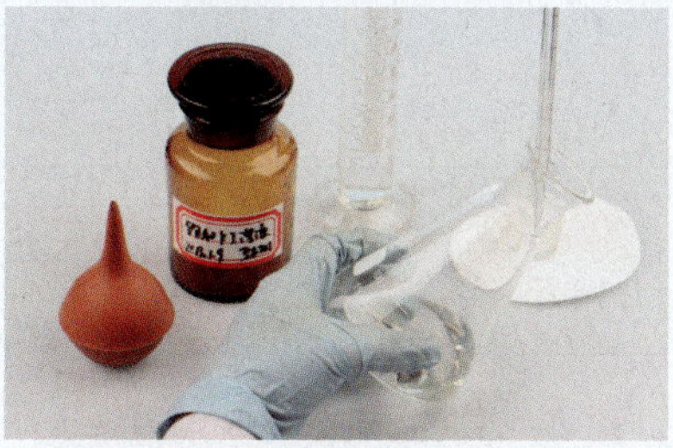	（3）加入 1.00 mL 饱和碘化钾溶液，紧密塞好瓶盖，并轻轻振摇 0.5 min，然后在暗处放置 3 min。取出加 100 mL 水，摇匀	摇动锥形瓶至少 3 次
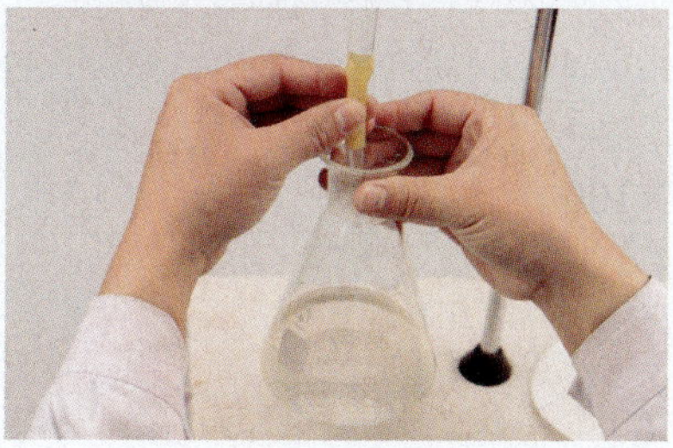	（4）用硫代硫酸钠溶液（0.002 0 mol/L）滴定上述溶液，至浅黄色	1）碘与硫代硫酸钠的反应必须在中性或弱酸性溶液中进行 2）碘易挥发，故滴定时溶液的温度不能高 3）滴定时不要剧烈摇动溶液

续表

配图	操作步骤	操作说明
	（5）加 1 mL 淀粉指示剂，继续滴定，至蓝色消失，即为终点；取相同量三氯甲烷-冰乙酸溶液、碘化钾溶液、水，按同一方法，做试剂空白试验	空白实验数值不能太高，若是太高，应找出原因，重新测定

三、数据分析与处理

1. 测定数据记录

表 6—3—1　　原始记录表

名称 \ 编号	测定次数		
	Ⅰ	Ⅱ	Ⅲ
样品质量，g			
硫代硫酸钠标准滴定溶液的浓度，mol/L			
试剂空白消耗硫代硫酸钠标准滴定溶液体积，mL			
试样消耗硫代硫酸钠标准滴定溶液体积，mL			
试样的过氧化值，g/100 g			
试样的过氧化值的平均值，g/100 g			
试样的过氧化值，meq/kg			
试样的过氧化值的平均值，meq/kg			
备注：计算结果保留两位有效数字			

2. 数据处理

计算公式如下：

$$X_1 = \frac{(V_1 - V_2) \times c \times 0.126\,9}{m} \times 100$$

$$X_2 = X_1 \times 78.8$$

式中　X_1——试样的过氧化值，g/100 g；

X_2——试样的过氧化值，meq/kg；

V_1——试样消耗硫代硫酸钠标准滴定溶液体积，mL；

V_2——试剂空白消耗硫代硫酸钠标准滴定溶液体积，mL；

c——硫代硫酸钠标准滴定溶液的浓度，mol/L；

m——试样质量，g；

0.126 9——与 1.00 mL 硫代硫酸钠标准滴定溶液相当的碘的质量，g；

78.8——换算因子。

【考核评价】

<table>
<tr><th rowspan="2">素质</th><th>内容</th><th rowspan="2">评价项目</th><th colspan="3">评价</th></tr>
<tr><th>学习目标</th><th>自我评价 30%</th><th>小组评价 30%</th><th>教师评价 40%</th></tr>
<tr><td>知识 20分</td><td>应知应会</td><td>1. 了解油脂在人体中的作用
2. 知道影响过氧化值测定的因素
3. 理解过氧化值的测定原理
4. 掌握大豆油过氧化值的测定方法</td><td></td><td></td><td></td></tr>
<tr><td rowspan="4">专业能力 60分</td><td>准备工作 10分</td><td>1. 仪器、试剂、样品准备充分
2. 样品处理方法正确
3. 正确配制试剂</td><td></td><td></td><td></td></tr>
<tr><td>仪器使用 10分</td><td>1. 熟练使用分析天平
2. 熟练使用滴定管</td><td></td><td></td><td></td></tr>
<tr><td>操作规范 30分</td><td>1. 熟练掌握过氧化值的测定操作流程
2. 使用滴定管的操作要规范</td><td></td><td></td><td></td></tr>
<tr><td>遵守安全、卫生要求 10分</td><td>1. 具有安全防护意识
2. 卫生规范</td><td></td><td></td><td></td></tr>
<tr><td rowspan="3">通用能力 10分</td><td>语言能力</td><td>专业术语表达准确</td><td rowspan="3"></td><td rowspan="3"></td><td rowspan="3"></td></tr>
<tr><td>合作能力</td><td>与同学互相配合，团结互助</td></tr>
<tr><td>解决问题能力</td><td>及时发现问题、解决问题</td></tr>
<tr><td>态度 10分</td><td>工作态度</td><td>认真、细致、诚实</td><td></td><td></td><td></td></tr>
<tr><td colspan="3">总分</td><td></td><td></td><td></td></tr>
<tr><td colspan="3">平均分</td><td colspan="3"></td></tr>
</table>

【思考与练习】

一、理论题

1．大豆油的过氧化值是食品相关部门的重点检测项，如果测定动物油脂的过氧化值，查阅相关国标，进行小组讨论测定步骤。

2．花生油的过氧化值升高得快，会是什么原因？查阅相关资料进行分析。

3．本次任务可同时测定一个新鲜的大豆油样品和一个过期的大豆油样品，比较它们的过氧化值，并说明其结果。

4．如何解决食品过氧化值过高给食品带来的安全性问题?

二、实训题

1．样品处理

取样品 5 ~ 10 g（精确至 0.001 g），置于 100 mL 离心管中，加约 50 mL 石油醚，封口，振摇，放置 30 min 后离心 10 min，除去石油醚，反复操作，至脂肪完全除去。将脱脂后的样品转入 100 mL 带塞试管中，加 50 mL 水溶解，置于 85 ~ 90℃水浴浸提 25 min，冷却至室温后定容，过滤，取滤液 30 mL 于 50 mL 离心管中，离心 10 min，取上清液。

2．样品测定

要求同大豆油过氧化值的测定。

附表1

乳稠计换算表

乳稠计读数变为15℃时的换算表

鲜乳温度/℃ 乳稠计读数	8	9	10	11	12	13	14	15	16	17	18	19	20	21	22
15	14.2	14.3	14.4	14.5	14.6	14.7	14.8	15.0	15.1	15.2	15.4	15.6	15.8	16.0	16.2
16	15.2	15.3	15.4	15.5	15.6	15.7	15.8	16.0	16.1	16.3	16.5	16.7	16.9	17.1	17.3
17	16.2	16.3	16.4	16.5	16.6	16.7	16.8	17.0	17.1	17.3	17.5	17.7	17.9	18.1	18.3
18	17.2	17.3	17.4	17.5	17.6	17.7	17.8	18.0	18.1	18.3	18.5	18.7	18.9	19.1	19.5
19	18.2	18.3	18.4	18.5	18.6	18.7	18.8	19.0	19.1	19.3	19.5	19.7	19.9	20.1	20.3
20	19.1	19.2	19.3	19.4	19.5	19.6	19.8	20.0	20.1	20.3	20.5	20.7	20.9	21.0	21.3
21	20.1	20.2	20.3	20.4	20.5	20.6	20.8	21.0	21.2	21.4	21.6	21.8	22.0	22.2	22.4
22	21.1	21.2	21.3	21.4	21.5	21.6	21.8	22.0	22.2	22.4	22.6	22.8	23.0	23.2	23.4
23	22.1	22.2	22.3	22.4	22.5	22.6	22.8	23.0	23.2	23.4	23.6	23.8	24.0	24.2	24.4
24	23.1	23.2	23.3	23.4	23.5	23.6	23.8	24.0	24.2	24.4	24.6	24.8	25.0	25.2	25.5
25	24.0	24.1	24.2	24.3	24.5	24.6	24.8	25.0	25.2	25.4	25.6	25.8	26.0	26.2	26.4
26	25.0	25.1	25.2	25.3	25.5	25.6	25.8	26.0	26.2	26.4	26.6	26.9	27.1	27.3	27.5
27	26.0	26.1	26.2	26.3	26.4	26.6	26.8	27.0	27.2	27.4	27.6	27.9	28.1	28.4	28.6
28	26.9	27.0	27.1	27.2	27.4	27.6	27.8	28.0	28.2	28.4	28.6	28.9	29.2	29.4	29.6
29	27.8	27.9	28.1	28.2	28.4	28.6	28.8	29.0	29.2	29.4	29.6	29.9	30.2	30.4	30.6
30	28.7	28.9	30.0	30.2	30.4	30.6	30.8	31.0	31.2	31.4	31.6	32.0	32.2	32.5	32.7
31	29.7	29.8	30.0	30.2	30.4	30.6	30.8	31.0	31.2	31.4	31.6	32.0	32.2	32.5	32.7
32	30.6	30.8	31.0	31.2	31.4	31.6	31.8	32.0	32.2	32.4	32.7	33.0	33.3	33.6	33.8
33	31.6	31.8	32.0	32.2	32.4	32.6	32.8	33.0	33.2	33.4	33.7	34.0	34.3	34.7	34.8
34	32.5	32.8	33.0	33.1	33.3	33.7	33.8	34.0	34.2	34.4	34.7	35.0	35.3	35.6	35.9
35	33.6	33.7	33.8	34.0	34.2	34.4	34.8	35.0	35.2	35.4	35.7	36.0	36.3	36.6	36.9

乳稠计读数变为 20℃时的换算表

鲜乳温度/℃ 乳稠计读数	10	11	12	13	14	15	16	17	18	19	20	21	22	23	24	25
25	23.3	23.5	23.6	23.7	23.9	24.0	24.2	24.4	24.6	24.8	25.0	25.2	25.4	25.5	25.8	26.0
26	24.2	24.4	24.5	24.7	24.9	25.0	25.2	25.4	25.6	25.8	26.0	26.2	26.4	26.6	26.8	27.0
27	25.1	25.3	25.4	25.6	25.7	25.9	26.1	26.3	26.5	26.8	27.0	27.2	27.5	27.7	27.9	28.1
28	26.0	26.1	26.3	26.5	26.6	26.8	27.0	27.3	27.5	27.8	28.0	28.2	28.5	28.7	29.0	29.2
29	26.9	27.1	27.3	27.5	27.6	27.8	28.0	28.3	29.5	28.8	29.0	29.2	29.5	29.7	30.0	30.2
30	27.9	28.1	28.3	28.5	28.6	28.8	29.0	29.3	29.5	29.8	30.0	30.2	30.5	30.7	31.0	31.2
31	28.8	29.0	29.2	29.4	29.6	29.8	30.0	30.3	30.5	30.8	31.0	31.2	31.5	31.7	32.0	32.2
32	29.3	30.0	30.2	30.4	30.6	30.7	31.0	31.2	31.5	31.8	32.0	32.3	32.5	32.8	33.0	33.3
33	30.7	30.8	31.1	31.3	31.5	31.7	32.0	33.2	32.5	32.8	33.0	33.3	33.3	33.8	34.1	34.3
34	31.7	31.9	32.1	32.3	32.5	32.7	33.0	33.2	33.5	33.8	34.0	34.3	34.4	34.8	35.1	35.3
35	32.6	32.8	33.1	33.3	33.5	33.7	34.0	34.2	34.5	34.7	35.0	35.3	35.5	35.8	36.1	36.3
36	33.5	33.8	34.0	34.3	34.5	34.7	34.9	35.2	35.5	36.0	36.2	36.2	36.5	36.7	37.0	37.3

附表 2

固形物含量温度校正表

温度/℃	固形物含量/%														
	0	5	10	15	20	25	30	35	40	45	50	55	60	65	70
	应减去之校正值														
10	0.50	0.54	0.58	0.61	0.64	0.66	0.68	0.70	0.72	0.73	0.74	0.75	0.76	0.78	0.79
11	0.46	0.49	0.53	0.55	0.58	0.60	0.62	0.64	0.65	0.66	0.67	0.68	0.69	0.70	0.71
12	0.42	0.45	0.48	0.50	0.52	0.54	0.56	0.57	0.58	0.59	0.60	0.61	0.61	0.63	0.63
13	0.37	0.40	0.42	0.44	0.46	0.48	0.49	0.50	0.51	0.52	0.53	0.54	0.54	0.55	0.55
14	0.33	0.35	0.37	0.39	0.40	0.41	0.42	0.43	0.44	0.45	0.45	0.46	0.46	0.47	0.48
15	0.27	0.29	0.31	0.33	0.34	0.34	0.35	0.36	0.37	0.37	0.38	0.39	0.39	0.40	0.40
16	0.22	0.24	0.25	0.26	0.27	0.28	0.28	0.29	0.30	0.30	0.30	0.31	0.31	0.32	0.32
17	0.17	0.18	0.19	0.20	0.21	0.21	0.21	0.22	0.22	0.23	0.23	0.23	0.23	0.24	0.24
18	0.12	0.13	0.13	0.14	0.14	0.14	0.14	0.15	0.15	0.15	0.15	0.16	0.16	0.16	0.16
19	0.06	0.06	0.06	0.07	0.07	0.07	0.07	0.08	0.08	0.08	0.08	0.08	0.08	0.08	0.08
应加入之校正值															
21	0.06	0.07	0.07	0.07	0.07	0.08	0.08	0.08	0.08	0.08	0.08	0.08	0.08	0.08	0.08
22	0.13	0.13	0.14	0.14	0.15	0.15	0.15	0.15	0.15	0.16	0.16	0.16	0.16	0.16	0.16
23	0.19	0.20	0.21	0.22	0.22	0.23	0.23	0.23	0.23	0.24	0.24	0.24	0.24	0.24	0.24
24	0.26	0.27	0.28	0.29	0.30	0.30	0.31	0.31	0.31	0.31	0.31	0.32	0.32	0.32	0.32
25	0.33	0.35	0.36	0.37	0.38	0.38	0.39	0.40	0.40	0.40	0.40	0.40	0.40	0.40	0.40
26	0.40	0.42	0.43	0.44	0.45	0.46	0.47	0.48	0.48	0.48	0.48	0.48	0.48	0.48	0.48
27	0.48	0.50	0.52	0.53	0.54	0.55	0.55	0.56	0.56	0.56	0.56	0.56	0.56	0.56	0.56
28	0.56	0.57	0.60	0.61	0.62	0.63	0.63	0.64	0.64	0.64	0.64	0.64	0.64	0.64	0.64
29	0.64	0.66	0.68	0.69	0.71	0.72	0.72	0.73	0.73	0.73	0.73	0.73	0.73	0.73	0.73
30	0.72	0.74	0.77	0.78	0.79	0.80	0.80	0.81	0.81	0.81	0.81	0.81	0.81	0.81	0.81

附表3

20℃酒精水溶液的相对密度与酒精浓度换算表

d^{20}	酒精浓度			d^{20}	酒精浓度		
	g/100 g	mL/100 mL	g/100 mL		g/100 g	g/100 g	g/100 g
1.000 0	0.00	0.00	0.00	0.998 1	1.02	1.28	1.01
0.999 9	0.05	0.07	0.05	0.998 0	1.07	1.35	1.06
0.999 8	0.11	0.13	0.10	0.997 9	1.12	1.42	1.12
0.999 7	0.16	0.20	0.16	0.997 8	1.18	1.49	1.17
0.999 6	0.21	0.27	0.21	0.997 7	1.29	1.56	1.23
0.999 5	0.27	0.34	0.26	0.997 6	1.23	1.62	1.29
0.999 4	0.32	0.40	0.32	0.997 5	1.34	1.69	1.34
0.999 3	0.37	0.47	0.37	0.997 4	1.40	1.76	1.39
0.999 2	0.43	0.54	0.42	0.997 3	1.45	1.83	1.44
0.999 1	0.48	0.61	0.48	0.997 2	1.50	1.90	1.50
0.999 0	0.53	0.67	0.53	0.997 1	1.56	1.97	1.55
0.998 9	0.59	0.74	0.59	0.997 0	1.61	2.03	1.60
0.998 8	0.64	0.81	0.64	0.996 9	1.67	2.10	1.66
0.998 7	0.70	0.88	0.69	0.996 8	1.72	2.17	1.71
0.998 6	0.75	0.94	0.74	0.996 7	1.78	2.24	1.77
0.998 5	0.80	1.01	0.80	0.996 6	1.83	2.31	1.82
0.998 4	0.85	1.08	0.85	0.996 5	1.88	2.38	1.88
0.998 3	0.91	1.15	0.90	0.996 4	1.94	2.44	1.93
0.998 2	0.96	1.21	0.96	0.996 3	1.99	2.51	1.98
0.996 2	2.05	2.85	2.04	0.994 0	3.30	4.14	3.27
0.996 1	2.11	2.65	2.90	0.993 9	3.35	4.22	3.33
0.996 0	2.16	2.72	2.15	0.993 8	3.41	4.29	3.38
0.995 9	2.22	2.79	2.20	0.993 7	3.47	4.36	3.44
0.995 8	2.28	2.85	2.26	0.993 6	3.53	4.43	3.50
0.995 7	2.33	2.93	2.32	0.993 5	3.69	4.51	3.56
0.995 6	2.39	3.00	2.37	0.993 4	3.64	4.58	3.61
0.995 5	2.44	3.08	2.43	0.993 3	3.70	4.65	3.67
0.995 4	2.50	3.15	2.48	0.993 2	3.76	4.72	3.73

续表

d^{20}	酒精浓度			d^{20}	酒精浓度		
	g/100 g	mL/100 mL	g/100 mL		g/100 g	g/100 g	g/100 g
0.995 3	2.55	3.22	2.54	0.993 1	3.82	4.80	3.78
0.995 2	2.61	3.29	2.59	0.993 0	3.88	4.87	3.84
0.995 1	2.67	3.36	2.65	0.992 9	3.94	4.94	3.90
0.995 0	2.72	3.48	2.70	0.992 8	3.99	5.01	3.96
0.994 9	2.78	3.50	2.76	0.992 7	4.05	5.09	4.02
0.994 8	2.84	3.57	2.82	0.992 6	4.12	5.16	4.08
0.994 7	2.89	3.64	2.87	0.992 5	4.18	5.24	4.14
0.994 6	2.95	3.71	2.93	0.992 4	4.24	5.32	4.20
0.994 5	3.00	3.78	2.98	0.992 3	4.30	5.39	4.26
0.994 4	3.06	3.85	3.04	0.992 2	4.36	5.47	4.31
0.994 3	3.12	3.92	3.10	0.992 1	4.42	5.54	4.37
0.994 2	3.18	4.00	3.16	0.992 0	4.48	5.62	4.43
0.994 1	3.24	4.07	3.21	0.991 9	4.54	5.69	4.49
0.991 8	4.60	5.77	4.55	0.989 6	5.97	7.47	5.90
0.991 7	4.66	5.84	4.61	0.989 5	6.03	7.55	5.96
0.991 6	4.72	5.92	4.67	0.989 4	6.10	7.63	6.02
0.991 5	4.78	6.00	4.73	0.989 3	6.16	7.71	6.09
0.991 4	4.84	6.07	4.79	0.989 2	6.23	7.79	6.15
0.991 3	4.90	6.15	4.85	0.989 1	6.29	7.87	6.21
0.991 2	4.96	6.22	4.94	0.989 0	6.36	7.95	6.28
0.991 1	5.02	6.30	4.97	0.988 9	6.42	8.03	6.34
0.991 0	5.09	6.38	5.03	0.988 8	6.49	8.12	6.40
0.990 9	5.15	6.45	5.09	0.988 7	6.50	8.20	6.47
0.990 8	5.21	6.53	5.16	0.988 6	6.62	8.28	6.53
0.990 7	5.28	6.61	5.22	0.988 5	6.69	8.36	6.60
0.990 6	5.34	6.69	5.28	0.988 4	6.75	8.44	6.66
0.990 5	5.40	6.77	5.34	0.988 3	6.82	8.52	6.72
0.990 4	5.46	6.84	5.40	0.988 2	6.88	8.60	6.79
0.990 3	5.53	6.92	5.46	0.988 1	6.95	8.68	6.85
0.990 2	5.59	7.00	5.52	0.988 0	7.01	8.76	6.92
0.990 1	5.65	7.08	5.59	0.987 9	7.08	8.85	6.93
0.990 0	5.72	7.16	5.65	0.987 8	7.15	8.93	7.05
0.989 9	5.78	7.24	5.71	0.987 7	7.21	9.01	7.11
0.989 8	5.84	7.31	5.77	0.987 6	7.28	9.10	7.18
0.989 7	5.90	7.39	5.83	0.987 5	7.35	9.18	7.24
0.987 4	7.42	9.26	7.31	0.985 7	8.56	10.67	8.42

续表

d^{20}	酒精浓度			d^{20}	酒精浓度		
	g/100 g	mL/100 mL	g/100 mL		g/100 g	g/100 g	g/100 g
0.987 3	7.48	9.34	7.37	0.985 6	8.63	10.76	8.49
0.987 2	7.55	9.48	7.44	0.985 5	8.70	10.84	8.55
0.987 1	7.62	9.51	7.50	0.985 4	8.76	10.92	8.62
0.987 0	7.68	9.59	7.57	0.985 3	8.83	11.00	8.68
0.986 9	7.75	9.68	7.64	0.985 2	8.90	11.09	8.75
0.986 8	7.82	9.76	7.70	0.985 1	8.97	11.17	8.82
0.986 7	7.88	9.84	7.77	0.985 0	9.03	11.26	8.88
0.986 6	7.95	9.92	7.83	0.984 9	9.10	11.34	8.95
0.986 5	8.02	10.01	7.90	0.984 8	9.17	11.48	9.02
0.986 4	8.09	10.09	7.96	0.984 7	9.24	11.51	9.08
0.986 3	8.10	10.17	7.03	0.984 6	9.31	11.60	9.15
0.986 2	8.22	10.26	8.09	0.984 5	9.38	11.68	9.22
0.986 1	8.29	10.34	8.14	0.984 4	9.45	11.77	9.29
0.986 0	8.36	10.42	8.22	0.984 3	9.52	11.85	9.35
0.985 9	8.42	10.51	8.29	0.984 2	9.59	11.94	9.42
0.985 8	8.49	10.59	8.36	0.984 1	9.66	12.02	9.49

参考文献

［1］ 徐春．食品检验工（初级）．北京：机械工业出版社，2005

［2］ 黄高明．食品检验工（中级）．北京：机械工业出版社，2005

［3］ 郑吉园．食品质量检验员（国家职业资格四级）．北京：中国劳动社会保障出版社，2008

［4］ 俞一夫．食品分析技术．北京：中国轻工业出版社，2009

［5］ 张小康．化学分析基本操作．北京：化学工业出版社，2006

［6］ 王建梅．化学检验基础知识．北京：化学工业出版社，2005

［7］ 周光理．食品分析与检验技术．北京：化学工业出版社，2010

［8］ 姜淑敏．化学实验基本操作技术．北京：化学工业出版社，2008

［9］ 余奇飞、李京东、刘丽红．食品分析与检验技术．北京：化学工业出版社，2011

［10］ 程云燕、李双石．食品分析与检验．北京：化学工业出版社，2007

［11］ 符明淳、王霞．分析化学．北京：化学工业出版社，2008

［12］ 尹凯奇．食品理化分析．北京：科学出版社，2008

［13］ 朱克永．食品检测技术．北京：科学出版社，2010